# 孕途解忧

## 让生命之芽开出「心」的繁花

张宴萍 李君·主编

上海科学技术出版社

**图书在版编目（CIP）数据**

孕途解忧 ：让生命之芽开出“心”的繁花 / 张宴萍，李君主编. -- 上海 ：上海科学技术出版社，2025. 8.
ISBN 978-7-5478-7261-1

Ⅰ. B844.5

中国国家版本馆CIP数据核字第2025XG1109号

**温馨提示：**医学是随着科学技术的进步与临床经验的积累不断发展的。书中所述的知识与建议是作者结合自己的专业和多年的经验审慎提出的，但不能一一符合每位读者个性化的需求，尤其不能代替医学诊疗、咨询建议等。恳请读者诸君审慎判断，和专业人员一起解烦忧、乐无忧。

**孕途解忧——让生命之芽开出“心”的繁花**

张宴萍　李　君　主编

上海世纪出版（集团）有限公司
上　海　科　学　技　术　出　版　社　出版、发行
（上海市闵行区号景路 159 弄 A 座 9F-10F）
邮政编码 201101　www.sstp.cn
上海光扬印务有限公司印刷
开本 787×1092　1/32　印张 9.25
字数 156 千字
2025 年 8 月第 1 版　2025 年 8 月第 1 次印刷
ISBN 978-7-5478-7261-1/R·3321
定价：68.00 元

---

# 内容提要

*Synopsis*

准妈妈和家人该如何判断孕产期心理是否健康？该如何调节自我心理状态？家属和社会又该如何提供支持？如何缓解孕产妇就医挑战？要解答这些问题，需要专业的心理科或精神科医生来普及相关知识，更需要全社会共同参与解决。

本书通过真实故事引入，全面普及孕产期心理健康及常见心理问题的识别与应对方法。创新地融入广受欢迎的传统中医元素，以孕产妇为中心，兼顾阅读体验，采用图文结合的形式，普及孕产期心理健康问题的早期识别方法和人人可操作的干预技巧。同时，书中也提供国内有效的求助资源及评估工具，呼吁孕

## 小金精

上海市金山区精神卫生中心的医生、金山区精神卫生中心医护群体代言人

“小金精”的“金”代表金山，“精”代表精神卫生。头顶的“科普宝典”封面“1949号”代表医院所在地金石南路 1949 号的全体人员守护心理健康。“科普宝典”的封底是金山区“萤之光”心理健康讲师团的标志；绿丝带则是精神健康的象征。“小金精”致力于传播心理健康知识，使市民享受到优质的心理健康科普资源。

产妇本人、照料者及整个社会共同关注孕产期心理问题，共同参与，助力快乐生育。

我们通过上海市金山区精神卫生中心的“小金精”医生为大家介绍常见的孕产期心理问题案例，这些都是来自临床门诊的真实案例。“小金精”是热爱科普知识的医生群体代表，在这里化身为一名幽默风趣且临床经验丰富的心理科门诊医生，不仅积极解答门诊来访者提出的问题，还带领读者走进孕产妇心理健康知识的世界。通过这些故事阅读，读者可以了解其他人的经历，获得共鸣，意识到自己并不孤单。

全书以丰富的图像和文字介绍围产期各种常见的心理问题，如产前焦虑、产后抑郁等，以及这些问题的症状、影响和处理方式。通过阅读这些内容，孕产妇可以更好地认识自己可能面临的心理问题，了解这些问题对自己和宝宝的影响，并及早寻求帮助。同时，书中的图片能直观地传达信息，通过视觉效果吸引人们的注意，引起大众的情感共鸣，提高社会对围产期心理健康的关注度。

在书中你能详细了解各种常见孕产期心理健康的应对技巧。例如，放松技巧、应对焦虑的方法、情绪管理策略等。通过学习这些技巧，孕产妇可以轻松掌握缓解心理问题的方法，学会保持情绪稳定，有助于孕产妇更好地度过围产期。对于更加专业的干预方法，也提供了可求助资源，以便获得专业支持，避免贻误病情。

本书融入了中医保健理念。中医注重身心整体调节，通过穴位按摩、药膳调养及五行音乐等具有中医特色的调养方法，达到孕产妇心理健康，促进调摄情志的目的。中医与西医相结合，将更好地为孕产妇提供多元化、个性化的心理健康服务。

在“生理－心理－社会”现代医学模式下，维护孕产期女性心理健康除了孕产妇本人参与，书中的内容也可以帮助孕产妇周围的家人和朋友更好地理解孕产妇的心理健康需求，提供更好的支持和关怀。

相信读者通过阅读故事、学习应对技巧和了解心理问题，可以更全面地认识到孕产期心理健康的重要性，掌握有效应对的方法，并积极寻找必要的支持和帮助，提升社会对孕产妇心理健康的关注度，促进对孕产期心理健康的重视和支持。

# 编委会

*Editorial board*


**主　编**

张宴萍　上海市金山区精神卫生中心

李　君　上海市长宁区妇幼保健院
　　　　华东师范大学附属妇幼保健院

**副主编**

赵　波　上海市金山区精神卫生中心

黄彩梅　上海市长宁区妇幼保健院
　　　　华东师范大学附属妇幼保健院

**编　委**（按姓氏拼音顺序排列）

顾越凡　上海市浦东新区合庆社区卫生服务中心

何磊英　上海市金山区精神卫生中心

李　琳　上海市金山区精神卫生中心

王彩侠　上海市金山区精神卫生中心

王亚娟　上海市金山区精神卫生中心

姚晓萍　上海市金山区精神卫生中心

殷好贵　上海市金山区精神卫生中心

章　琼　悠乐通心理咨询（上海）有限公司

赵婉毅　上海市金山区精神卫生中心

# 序

*Foreword*

当今社会，随着大众对健康的认知不断深化，心理健康的重要性愈发显现。2025-2027 年被定为国家儿科和精神卫生服务年，将心理健康的关注度推向了一个新的高度。近年来，人们对于心理健康的需求在不断增加，而且把特殊群体如儿童青少年、职场人士、老年人、女性等作为重点关注人群，这无疑是社会进步的体现。

随着国家人口政策的变革，从备孕的那一刻起，女性心理健康与子代的身心健康就紧密相连。可喜的是，在众多的心理健康工作者中有这样一个团队看到了孕产期这一至关重要却容易被忽视的阶段。孕产期对于女性而言，不仅是十月怀胎短暂的生理过程，更是女性一生中的特殊时期，也是一个家庭的重大转折时期，其社会意义深远。

本书的作者是我熟悉的两位多年来专注于孕妈妈心理健康的临床一线精神心理医生，在实践工作中积累了丰富的临床经验，深知孕产期女性及其家庭所面临的各种需求。他们以专业的精神和敏锐的洞察力，从一个个真实故事出发，关注到了个体、家庭和社会方方面面的影响因素，更难能可贵的是，以个体为起点，将眼光拓展到了人群层面，关注到了整个孕产妇群体及其家庭。

编写团队汇聚了多方专业力量，除了两位精神心理医生外，还包括专业中医师和医务社工等人员，使得该书在形式上更加丰富多元，在内容上提供了现代心身医学相关的专业知识和干预方法，融入了我国传统医学的独特视角和宝贵经验，为读者提供了全方位、多角度的身心调节和自我疗愈的方法。这是跨学科合作的结晶，也是对孕产期心理健康关怀的一次全面而深入的探索。

全书图文并茂，重点指导孕妈妈如何建立身心健康意识和做好自我心身照护。书中所提供的干预方法细致入微，且具有很强的可操作性。无论是孕育新生命的准妈妈，还是已经怀孕却遇到心理困惑的孕妈妈，抑或是因家庭原因而陷入迷茫的新手妈妈，当读到这本书时，就会如同黑暗中见到一盏明灯，感受到温暖的力量和明亮的光芒。让读者能早期获得自我疗愈的能力，帮助大众更好地应对孕产期的各种挑战，守护自己和宝宝的心身健康。

更为重要的是，本书不仅仅是一本指导手册，它更是一种呼吁，一种倡导。它呼吁全社会关注孕产期妇女的身心健康，认识到这一时期对个人、家庭、社会的重要性和特殊性。它倡导各级医疗机构积极加入孕产期心理健康的行列，为孕产妇提供更全面、更专业的支持和帮助。我相信，在这本书的引领下，会有更多的专业医务人员投身到孕产期心理健康事业中，为每一个新生命的诞生和成长保驾护航，让每一位孕妈妈都能在这个特殊的时期感受到关爱与呵护，让每一个家庭都能平稳度过这个转折时期，迎接美好的未来。

希望每一位读者都能从中汲取力量和智慧。让我们共同为孕产期女性的心身健康努力，为构建一个更加健康、和谐的社会贡献自己的一份力量。

同济大学附属同济医院精神医学中心主任
同济大学二级教授、博士生导师、博士后合作导师
国家精神疾病医学中心－上海市精神卫生中心主任医师
陆　峥
2025 年 8 月

# 前言

*Preface*

## 让生命之芽开出“心”的繁花

*缘起*——妊娠和分娩之于女性，除了生理上的显著变化之外，还会带来各类心理应激反应，如围产期抑郁、分娩后的创伤后应激障碍等，这给女性带来了巨大挑战。生活中，很多人都有过在孕产期面对心理压力而情绪崩溃的时刻，也都有过心酸、无奈和无助的经历。但成为母亲，另一方面也带给了女性难以言说的幸福感，从婴孩甜甜的微笑、牙牙的学语声、第

一声软糯的“妈妈”，到一起陪伴 TA 度过成长的烦恼，直至长大成人，这些都是我们一生的珍贵体验。

作为医务人员的我，也曾因过于紧张而面临“顺转剖”的窘境，甚至在产后也度过了一段情绪的灰暗时期。也是在那时，我更加深刻地感受到了家人及专业医护心理支持的重要性。每每回想起来，我都依然忍不住为自己的幸运而泪眼婆娑。作为一名有过两次分娩经验的女性，我深切体会到孕产妇心理健康支持的意义所在；作为一名有着多年工作经验的心理健康促进工作者，我更应该为女性群体提供专业的支持力量，去帮助姐妹们安心度过孕产期的困难时刻，更好地去体会做母亲的幸福。

*契机*——2019 年全国社会心理服务体系建设试点工作全面铺开，我所在的金山区将孕产妇心理健康促进列为重点工作之一。值此之际，我们有了更好的时机、更宽广的平台去开展孕产妇心理健康促进工作。从开设孕产妇心理课程、开展孕产期心理评估、拍摄孕产期心理健康科普短剧、设置孕产妇心理咨询点等举措开始，在不断的尝试和实践中将孕产妇心理健康融入辖区内孕产妇的保健过程，提前一步提供孕早期心理服务，从而减少对孕产妇生育期间心理健康的影响。

*困惑*——在孕产妇心理健康促进工作的几年实践中，并不是一帆风顺的。刚开始孕检门诊的心理评估量一直达不到我们的预期，孕产妇心理门诊往往门可罗雀，看到这些宝贵的资源被闲置，我们很心痛。为了改善这样的状况，我们的团队在不断地进行反思、改进和优化服务流程，希望能找到问题所在。在回访的过程中，我们发现孕产妇和家属对心理问题的重要性认识不足，即使是评估结果提示了存在心理问题，但在多种因素的影响下她们不敢，甚至不愿去心理门诊就诊，心理健康方面的“讳疾忌医”状况亟待改善。

*突破*——因此，我们的孕产妇心理健康促进工作需要一些突破，需要提供更具阅读性、实用性的科普资源给社会大众，让更多的群体来关注女性在孕产期的心理健康状况。这本科普图书便是一种新的尝试，我们团队融合了孕产心理健康促进工作推进过程中的一些感悟，结合临床门诊中的真实案例故事，希望在带给大家一些实用知识的同时，也能使孕产期心理健康问题能够被正确看待，真正实现“孕途无忧”。

本书的创作团队具有多学科背景，融合了精神科医师、心理治疗师、中医师、医务社工、插画师等人，专业人员的支持也使得本书的科普知识更具有专业保障。特别感谢我们这个多学科编写团队的付出，以及书中案例的原型家庭提供的宝贵素材，是他们的加入让这本书更具魅力。

*未来*——对于未来，我充满信心。希望这本图书能在所有父母的心中种下关注心理健康的种子，为全社会营造心理健康的沃土，让每个家庭从生命之初就能树立身心同健康的理念，真正为孩子的健康成长打下坚实基础。

愿这本书能够伴随着生命之芽的成长，让社会开出“心”的繁花！

张宴萍

2025 年 8 月

# 目录

*Contents*

## *Chapter 1* 第一次怀孕遇上职场 KPI



## *Chapter 2* 烦恼又不安的孕期

## Chapter 3 孕期疲惫不堪，警惕抑郁



## Chapter 4 生娃后控制不住地流泪

## Chapter 5 贪睡孕妈变多梦“睡渣”



## Chapter 6 噩梦的分娩，分娩的噩梦



## Chapter 7 情绪的冰与火之歌

## *Chapter 10* “隐形杀手”——新爸爸“产后抑郁”

*Chapter 1*

# 第一次怀孕
# 遇上职场 KPI

刚过完 32 岁生日的梅雅丽，还是那么年轻貌美，精心保养下的她依然可以算是公司的“颜值担当”。因为业绩出色，她将要出任公司大区经理，想到这里，她忍不住乐开了花。虽说事业上小有成就，但当她看着其他同事在社交平台晒着可爱宝宝，那一声声甜甜的“妈妈”，让雅丽心生羡慕，期待能有自己的孩子。然而，怀孕的“好消息”让她激动不已，随即又陷入了内心挣扎，担心自己会因为怀孕而错失好不容易努力得来的升职机会。梅雅丽变得焦躁不安，夜间睡眠逐渐变差……

# 职场孕妈的困惑与挑战

怀孕对于大多数女性来说是一件喜悦的事情，然而随着孕期的推进，肚子一天天变大，有些孕妈妈的脾气也一天天变大。为什么情绪上会有如此大的变化？

## 1. 情绪波动的原因

（1）激素变化

孕期和产后的雌激素、孕激素、催乳素等多种激素波动，可能导致孕产妇情绪不稳定，出现焦虑和抑郁等情绪问题。这些激素在调节生理功能的同时，也对中枢神经系统产生影响，进而引发情绪波动。例如，雌激素水平的剧烈变化会直接作用于大脑中的神经递质系统，影响情绪调节和应激反应。孕激素的波动则可能影响睡眠质量和食欲，从而间接加重情绪不稳定。此外，催乳素在准备母乳喂养的过程中，同样会对母亲的心理状态产生一定影响。

（2）多重压力

女性在孕期和产后面临着多重生理和心理压力，这不仅包括身体上的不适，还涉及心理上的变化和挑战。首先，随孕期推进，身体会经历一系列变化，如体重增加、水肿和妊娠纹出现等，这些变化可能导致疲劳、不适和自我形象的焦虑。职场女性还需迅速适应新的社会角色——成为母亲。这个角色转变伴随着一系列责任，如母乳喂养、照顾新生儿等，更重要的是如何处理家庭和工作之间的平衡。与之伴随的睡眠不足和身体恢复的压力，也可能导致情绪波动和心理压力。

## 2. 识别压力的 N 种方法

当怀孕遇到工作 KPI（关键绩效指标），常常会让许多职场准妈妈陷入两难，利弊权衡，多思多虑，给自己身心造成极大的压力。学会识别压力是解决压力的第一步。

人处在较大压力下时，躯体、情绪和行为会相应地出现各种反应。我们可以尝试去关注并且找出它们。

- ✓ **身体紧张：**压力可能导致关节和肌肉紧绷，常表现为肩颈僵硬、背部疼痛、手部不自觉地颤抖等。
- ✓ **情绪波动：**压力可能导致情绪波动，如焦虑、沮丧、紧张等。情绪波动可能表现为情绪不稳定、易怒、缺乏自信等。
- ✓ **睡眠问题：**压力可能导致睡眠问题，如失眠、多梦、早醒等。
- ✓ **饮食习惯改变：**压力可能导致饮食习惯改变，如食欲不振、暴饮暴食等。
- ✓ **注意力下降：**压力可能导致注意力下降，使人难以集中精力完成任务。注意力下降可能影响工作和日常生活。

# 压力评估工具箱

判断自己是否压力过大，还可以通过科学的量表评估来判断。

除了下面的妊娠压力量表，你也可以选择使用知觉压力量表（PSS-10），结合最近一个月以来自己的感受和想法，去觉察你真实的压力知觉状况（具体参见附录2）。

## 妊娠压力量表

指导语：下面列出的是你在怀孕期间可能遇到会给你产生压力的情况，请根据实际情况选择一个答案，并在相应的数下打√，请记住："0"表示这种情况不存在或完全没有给你造成压力；"1"表示这种情况存在，给你造成低等程度压力；"2"表示这种情况给你造成中等程度压力；"3"表示此种情况给你造成重度压力；"4"表示此种情况给你造成无法承受的压力。

| 内容 | 评分 | | | | |
| --- | --- | --- | --- | --- | --- |
| | 0 | 1 | 2 | 3 | 4 |
| 1. 准备婴儿的衣服有困难 | | | | | |
| 2. 找一个满意的保姆有困难 | | | | | |
| 3. 选定"坐月子"的地方有困难 | | | | | |
| 4. 很难给孩子取名字 | | | | | |
| 5. 担心重要的人不能接受孩子 | | | | | |
| 6. 给婴儿做身体检查有困难 | | | | | |
| 7. 担心有孩子之后自己被迫放弃工作 | | | | | |
| 8. 分娩期间不能安排好家务 | | | | | |
| 9. 担心得不到足够的心理支持 | | | | | |
| 10. 决定婴儿的喂养方式有困难 | | | | | |
| 11. 担心婴儿的性别不是期望的那样 | | | | | |
| 12. 影响性生活 | | | | | |

（续表）

| 内容 | 评分 | | | | |
|---|---|---|---|---|---|
| | 0 | 1 | 2 | 3 | 4 |
| 13. 担心孩子将来不招人喜欢 | | | | | |
| 14. 担心孩子将来的抚养问题 | | | | | |
| 15. 担心生孩子之后自由的时间会减少 | | | | | |
| 16. 担心婴儿能否安全分娩 | | | | | |
| 17. 担心婴儿不正常 | | | | | |
| 18. 担心自己分娩是否正常 | | | | | |
| 19. 担心早产 | | | | | |
| 20. 担心胎儿的体重 | | | | | |
| 21. 担心分娩可能会出现不正常的情况或剖宫产 | | | | | |
| 22. 担心分娩时医生不能及时赶到 | | | | | |
| 23. 害怕分娩时疼痛厉害 | | | | | |
| 24. 担心自己体形改变 | | | | | |
| 25. 担心自己脸上出现妊娠斑 | | | | | |
| 26. 担心自己身体变的太胖 | | | | | |
| 27. 担心自己不能控制笨拙的身体 | | | | | |
| 28. 担心自己不能照顾好婴儿 | | | | | |

（续表）

| 内　　容 | 评　　分 | | | | |
|---|---|---|---|---|---|
| | 0 | 1 | 2 | 3 | 4 |
| 29. 担心有孩子之后会影响夫妻之间的感情 | | | | | |
| 30. 担心不能给孩子提供良好的生活条件 | | | | | |

说明：该量表用于测量妊娠压力程度及来源，表共三个维度，30个条目：维度一“为认同父母角色而引发的压力感”包含15个条目；维度二“为确保母子健康和安全而引发的压力感”包含8个条目；维度三“为身体外形和身体活动的改变而引发的压力感”包含4个条目；3个条目未归入任何维度，作为其他因素。该量表每个条目0～4分，采用5级评分制。量表得分越高表明妊娠压力程度越高。该量表具有较高的效度及信度。

# “小金精”化解压力的七大招

医生啊，量表评估出来显示我压力有点大，我有些害怕。压力太大会对我和孩子的健康有影响吗？

梅雅丽，孕期压力过大可能会对母亲和宝宝产生多方面影响。

首先，过度的压力可能导致孕产妇的情绪不稳定，出现焦虑、抑郁等情绪问题。这些问题可能会影响孕产妇的食欲和睡眠，从而进一步影响胎儿的生长发育。

其次，压力还可能对孕产妇的身体产生影响。例如，过度的压力可能导致孕产妇的血压升高、心率加快等，这些变化可能会增加孕产妇在生产过程中的风险。再者，压力还可能影响孕产妇的免疫系统，使她更容易受到疾病的影响。

最后，压力还可能对孕产妇与胎儿的互动产生影响。如果孕产妇长期处于压力状态下，她可能无法很好地与腹中宝宝进行沟通、交流，这对胎儿的发育也会产生不良影响。

所以，我的腰酸背痛，我的喜怒无常……看来真是压力值爆表了。我要减压！

当我们察觉到自己压力超标，就应该是减压的开始。我们可以尝试用以下方式来帮助自己缓解压力。

## 1. 呼吸放松技巧

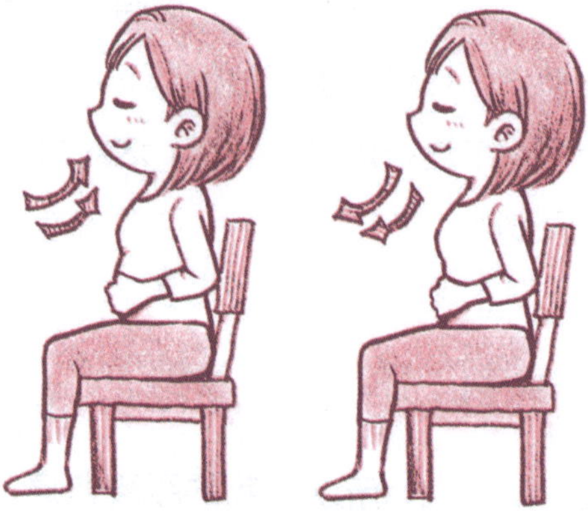

**通过腹式呼吸来放松身体和情绪**

✓ **找到舒适的姿势：**开始腹式呼吸前，应先找到一个舒适的姿势，可以选择仰卧、坐姿或站立。这些姿势有助于放松身体，减少紧张感。

✓ **深入呼吸：**缓慢深入地吸气，通过鼻子将空气引入肺部，同时感受腹部随着空气的吸入而上升。

✓ **暂停并保持：**在吸气后应暂停一两秒，让肺部充分吸收氧气。

✓ **缓慢呼气：**通过嘴巴缓慢地呼气，感受腹部随着空气的释放而下降。

✓ **重复练习：**重复上述步骤，每次练习持续几分钟，以建立稳定的腹式呼吸节奏。

## 2. 情绪释放技术（Emotional Freedom Techniques，又称 EFT 敲击法或心理指压法）

用手指敲击或按压以下部位。

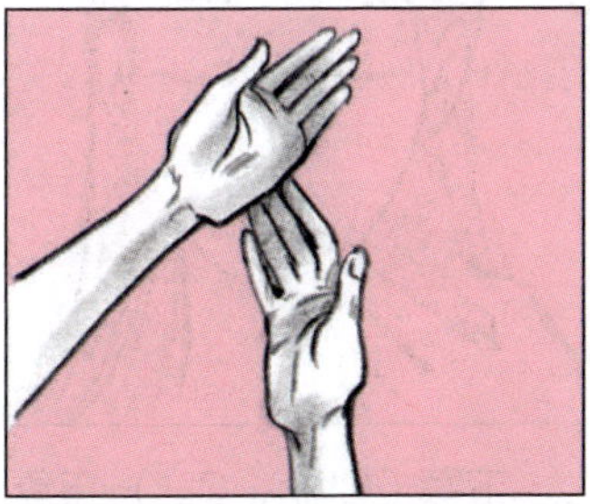

**1** 手刀点（Karate Chop，KC）：手刀侧小指根部到手腕间。

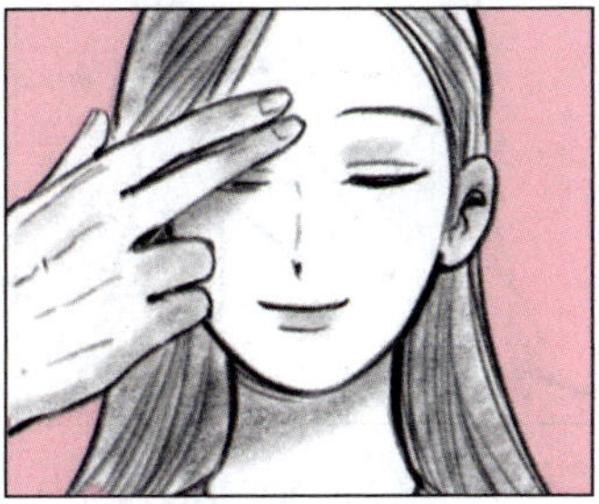

**2** 眉头（Eye Brow，EB）：两侧眉毛起始的位置。

3 眼侧（Side of the Eye，SE）：眼睛两侧鱼尾纹末端。

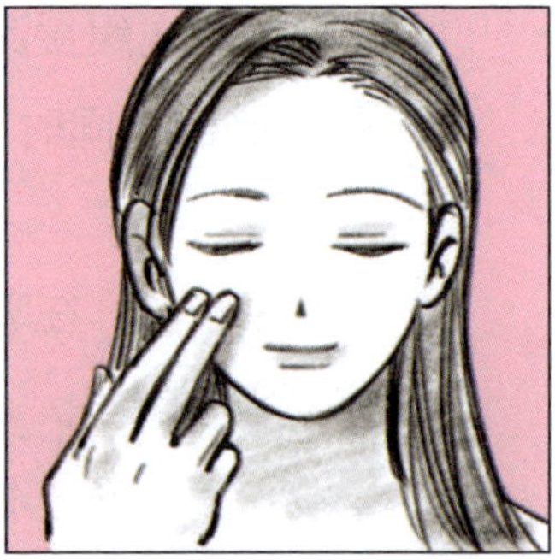

4 眼下（Under the Eye，UE）：眼睛瞳孔正下方，颧骨上方边缘。

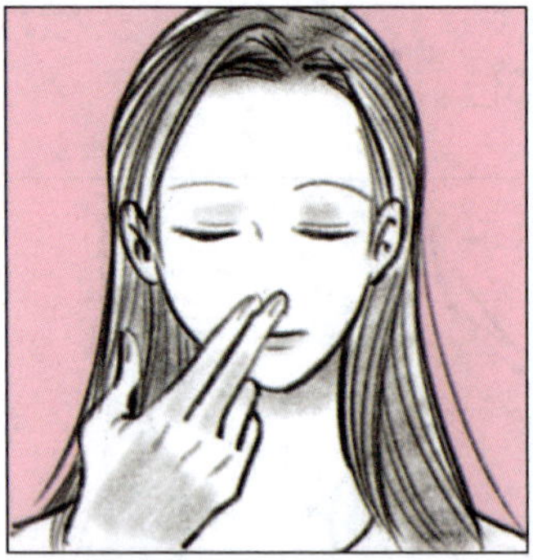

5 人中（Under the Nose，UN）：鼻下至上唇中间。

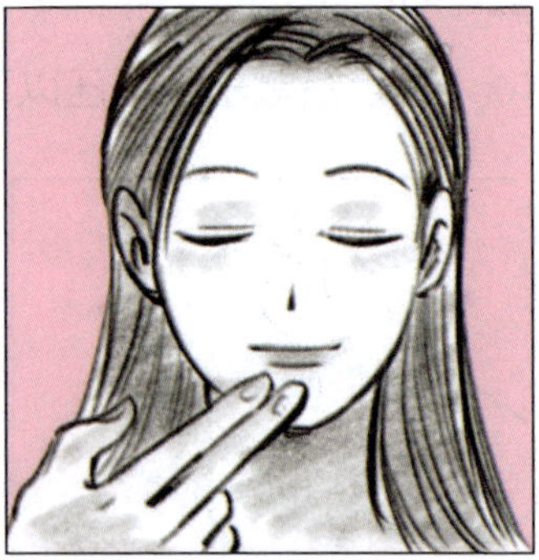

6 下颚（Chin，CH）：下唇到下巴间最凹陷处。

7 锁骨（Collar Bone，CB）：锁骨和第一根肋骨交接处的骨缝间。

8 腋下（Under the Arm，UA）：腋窝下方约 4 寸处（约 13 厘米，女性约为胸衣带扣高度）。

9 头顶（Top Head，TH）：即头部最高处。

**EFT 敲击顺序**

### 3. 积极思考

通过积极的思考和自我肯定来增强自我信心和积极的态度。关注积极面，挑战消极思维。每天记下至少 3 件让自己感到感激或开心的事情。当发现自己有消极思维时，停下来问问自己，这种思维是否有依据？是否有其他更积极的解释？尝试从不同的角度看待问题，寻找积极面。

每天花几分钟时间进行自我肯定，可以帮助自己培养积极的自我形象。比如每天早上或晚上花几分钟时间，对自己说一些积极的话语，如“我有能力应对今天的挑战”“我对自己充满信心”。把这些积极话语写下来放在显眼的地方，例如书桌、镜子或手机屏幕上，随时提醒自己。

### 4. 时间管理

合理安排时间，避免过度压力和紧张。可以尝试“四象限”法，将事项划分为四个“象限”——第一类为既紧急又重要；第二类为重要但不紧急；第三类为紧急但不重要；第四类为既不紧急也不重要。然后按处理顺序排列：先是既紧急又重要的，接着是重要但不紧急的，再到紧急但不重要的，最后才是既不紧急也不重要的。“四象限”法的关键在于第二类和第三类的顺序问题，必须非常小心区分。另外，要注意划分好第一和第三类事，都是紧急的，分别就在于前者能带来价值，实现某种重要目标，而后者不能。

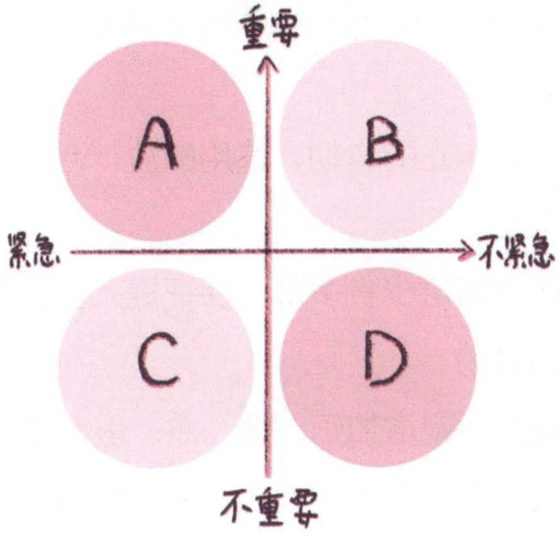


## 5. 健康生活方式

保持健康的饮食和适当的运动，有助于减轻压力并平衡饮食。小金精医生给你的孕期饮食六条核心推荐。

## 孕期饮食 六条核心推荐

- ✓ 调整孕前体重至正常范围，保证孕期体重适宜增长。
- ✓ 常吃含铁丰富的食物，选用碘盐，合理补充叶酸和维生素 D。
- ✓ 孕吐严重者可少食多餐，保证摄入含必要量碳水化合物的食物。
- ✓ 孕中晚期适量增加奶、鱼、禽、蛋、瘦肉的摄入。
- ✓ 经常进行户外活动，禁烟限酒，保持健康生活方式。
- ✓ 愉快孕育新生命，积极准备母乳喂养。

中国营养学会 Chinese Nutrition Society

# 中国孕期妇女平衡膳食宝塔

MCNC-CNS 中国营养学会妇幼营养分会

依据《中国居民膳食指南(2022)》绘制

- 叶酸补充剂0.4毫克/天
- 贫血严重者在医生指导下补充铁剂
- 适度运动，经常户外活动
- 每周测量体重，维持孕期适宜增重
- 愉悦心情，充足睡眠
- 饮洁净水，少喝含糖饮料
- 准备母乳喂养
- 不吸烟，远离二手烟
- 不饮酒

| | 孕中期 | 孕晚期 |
|---|---|---|
| 加碘食盐 | 5克 | 5克 |
| 油 | 25克 | 25克 |
| 奶类 | 300~500克 | 300~500克 |
| 大豆/坚果 | 20克/10克 | 20克/10克 |
| 鱼禽蛋肉类 | 150~200克 | 175~225克 |
| 瘦畜禽肉 | 50~75克 | 50~75克 |
| 每周1~2次动物血或肝脏 | | |
| 鱼虾类 | 50~75克 | 75~100克 |
| 蛋类 | 50克 | 50克 |
| 蔬菜类 | 400~500克 | 400~500克 |
| 每周至少一次海藻类 | | |
| 水果类 | 200~300克 | 200~350克 |
| 谷类 | 200~250克 | 225~275克 |
| ——全谷物和杂豆 | 75~100克 | 75~125克 |
| 薯类 | 75克 | 75克 |
| 每天必须至少摄取含130克碳水化合物的食物 | | |
| 水 | 1 700毫升 | 1 700毫升 |

## 6. 适量运动

- ✓ 无运动禁忌证的孕妇，妊娠期应每周进行5天、每次持续30分钟的中等强度运动。
- ✓ 孕期运动以中等强度为宜，即运动时心率达到心率储备的60%～80%，或感知运动强度评分应为13～14分。妊娠前无运动习惯的孕妇，妊娠期运动应从低强度开始，循序渐进。
- ✓ 妊娠期的运动形式包括有氧运动及抗阻运动。应避免有身体接触、摔倒及受伤风险的运动，以及在高海拔地区运动。推荐的运动形式包括步行、游泳、固定式自行车运动等。
- ✓ 运动过程中应保持充足的水分供给，穿宽松的衣服，避免在高温和高湿度环境中运动。

## 7. 巧用减压小工具

孕期有不开心，一定别憋着，把自己憋出“内伤”可不好，可适当用“解压神器”小玩具来释放负面情绪。

## Tips

请注意，以下情况应禁止运动！

有严重心脏或呼吸系统疾病，重度子痫前期/子痫，未控制的高血压、甲状腺疾病、1型糖尿病，宫颈功能不全，持续阴道出血，先兆早产，前置胎盘，胎膜早破，重度贫血，胎儿生长受限，多胎妊娠（三胎及以上）等高危状态应禁止运动。

# 穴位按揉，巩固健康阵地

耳穴理论基于中医整体观念和经络学说，认为耳与人体的经络脏腑、形体官窍之间存在密切联系。耳穴是分布于耳郭上的腧穴，也称为反应点、刺激点。人体出现疾病时，耳郭的一定部位会出现局部反应，如压痛、结节、变色、导电性等。耳穴压豆是较为常见的耳穴疗法，将王不留行籽贴压在相应部位，刺激耳穴，从而起到治疗作用，具备无创、操作简便、经济、安全等优点。

中医学认为，耳穴压豆具有疏通经络、调节脏腑、运行气血的功能。从解剖学角度来看，迷走神经耳支主要分布在耳甲腔、耳轮脚及三角窝等区域，区域包括心、神门穴、交感等情志病的常用区域，通过刺激这些穴位可以改善自主神经功能紊乱，缓解压力。治疗时需注意，如有先兆流产迹象，不宜进行耳穴治疗，一般建议孕 5 个月以上再进行耳穴贴压。以轻柔按压为主，避免按压过重，每日按压 2 ~ 3 次，每次每个穴位按压 30 次。注意，贴耳穴前先对皮肤进行消毒，耳穴贴压 2 天后需要去除并更换新穴位，以避免长时间按压导致耳部皮肤破损、感染。建议左右耳朵交替贴压。

**宁心安神穴位搭配：**按揉百会穴、印堂穴、神门穴、内关穴，可益心安神。

百会穴居于巅顶，为督脉腧穴，是手足三阳经、督脉之会，入络于脑，具有安神定志作用。具体位置是头部两耳尖连线与头正中线的交点处。注意需在白天清醒时按揉穴位，切勿在临睡时按揉，会影响睡眠。

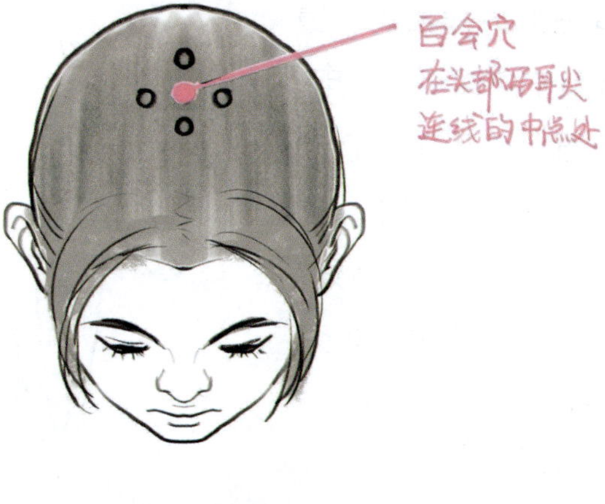

印堂穴归属督脉，调理督脉经气，促进头部气血运行。具体位置是在两个眉毛的正中间，头部的人体正中线上。此穴具有宁心安神的作用。

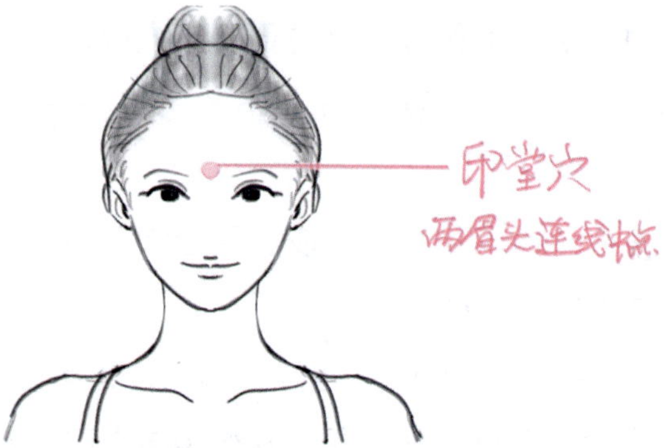


神门穴乃心经原穴，是心经“原气”出入之门户，有统帅精神情志、镇静安神及宁心通络的作用。具体位置是位于手腕横纹处，从小指延伸下来，到手掌根部末端的凹陷处，帮助入眠，调节自律神经，改善心悸。

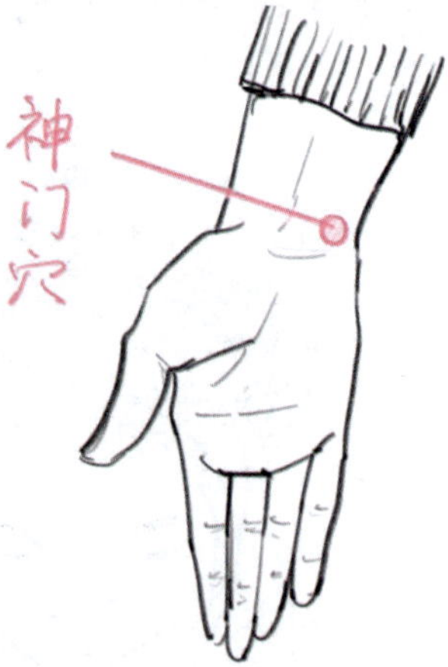

内关穴是心包经的络穴，心包为心之外卫，与心相通；同时内关通于任脉，会于阴维，阴维脉主治忧郁之病，刺之有醒脑开窍、宁心安神的功效。具体位置是在手掌面关节横纹的中线上，腕横纹上 2 寸相当于 3 指宽度。可以帮助入眠，改善胸痛、心悸，舒缓腹胀感、胃痛、呃逆等症。

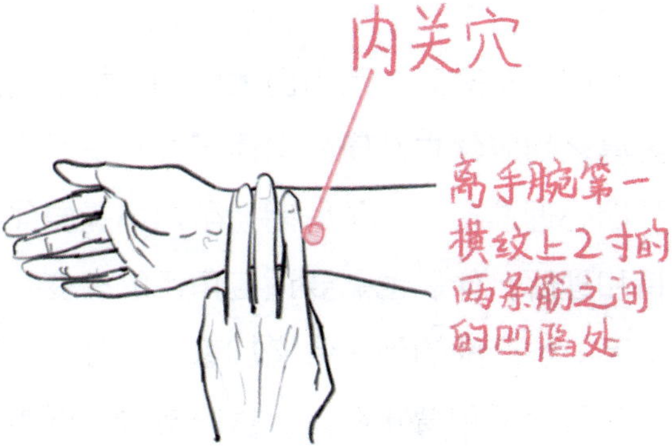

# 家庭支持是抗压良药

孕产期对于家庭关系有巨大影响，特别是夫妻关系。夫妻之间应建立健康的沟通模式和情感支持，做好备孕期心理准备。在孕早期，孕妈妈需要伴侣的额外支持和理解，伴侣也需要适应角色的转变，如准备成为父亲。孕产期的到来会增加家庭责任，包括经济责任、家务分配和育儿准备。家庭成员需要重新分配家务，家庭的责任分工都要做好相应的调整，带着浓浓的爱意，为宝宝的到来做好准备。

家人、朋友和社区的支持可以显著减轻孕妇的心理压力。社会支持系统的建立，如孕妇支持小组、社区健康服务等，能为孕妇提供交流和情感支持，增强她们的心理韧性。反之，缺乏社会支持的孕妇更易感到孤独和焦虑，可能导致心理健康问题的加重。

## 充电一刻

*Charge for a moment*

# 你知道什么叫心理健康吗？

世界卫生组织（WHO）将健康定义为身体、心理、社会与道德四个方面的完好状态，高度强调了心理健康与身体健康同等重要。美国心理学家马斯洛和米特尔曼进一步提出的心理健康10条标准：有足够的自我安全感；能充分地了解自己，并能对自己的能力做出适度的评价；生活理想切合实际；不脱离周围现实环境；能保持人格的完整与和谐；善于从经验中学习；能保持良好的人际关系；能适度地发泄情绪和控制情绪；在符合集体要求的前提下，能有限度地发挥个性；在不违背社会规范的前提下，能恰当地满足个人的基本要求。相信通过这些定义，我们能清晰理解心理健康的框架了。

手机扫一扫，观看科普小短剧。

《备孕的烦恼》

《孕期夫妻生活》

*Chapter 2*

# 烦恼又不安的孕期

凌晨1点，梅雅丽在急诊室就诊结束，这是她第二次因“见红”去急诊了。医生建议她好好休息，好好保胎。可怎么能做到呢？她最近一个月基本每夜要起床上厕所7～8次，醒来又常常感觉心脏跳得特别快，呼吸困难。晚上睡不好，白天昏昏沉沉，全身无比疲惫。虽然如今请病假休息，但是也没什么用。工作时还能转移注意力，现在倒好，整天瞎想有的没的，总是担心宝宝的健康，想着顺产好还是剖宫产好，担心自己能否成为一个好妈妈。在自媒体平台刷到有胎停、胎儿畸形之类的视频，让她更加心烦，变得更容易发脾气。梅雅丽感觉度日如年，太难熬了，甚至怀疑自己是不是不应该怀孕。

梅雅丽，我听见你已经叹了8次气了。结合之前的表现，你已经出现了孕期焦虑症状，既有精神性焦虑，如紧张担心、多思多虑、心烦易怒等；还有躯体性焦虑，如心慌、胸闷、乏力等。

天啊！我这是焦虑了？

# 揭开孕期焦虑的面纱

焦虑作为一种情绪状态，通常表现为对未来可能发生的负面事件或情境产生过度担忧、紧张、不安和恐惧的情绪体验。焦虑分为精神性焦虑和躯体性焦虑两种。

精神性焦虑主要从以下几个方面表现。

- ✓ **情绪症状：**持续的紧张、不安和担心。对未来可能发生的事情过度担忧，即使没有明确的威胁或危险。感到恐慌和害怕，可能会有即将发生灾难的预期性焦虑。
- ✓ **认知症状：**注意力难以集中，容易分心。思维变得模糊或混乱，难以清晰思考。对周围环境的认知能力下降。对现实情况的认识出现偏差，可能会有莫须有的担忧。

✓ 行为症状：坐立不安，无法保持静止。过分警惕，容易受到惊吓。难以放松，总是处于一种紧张的状态。睡眠障碍，如难以入睡、多梦、易醒等。

躯体性焦虑的主要特点是焦虑症状会在身体上表现出来。患者通常会有多种躯体症状，但医学检查往往没有发现器质性病变。这种表现会给患者的日常生活和心理状态带来不良影响。

### 1. 神经系统症状

焦虑可能导致交感神经系统的过度活跃，表现为心跳加快、血压升高。焦虑可能导致副交感神经系统的反应增强，出现出汗、颤抖、肌肉紧张等症状。急性发作时可能会出现大汗淋漓。

### 2. 内分泌系统症状

焦虑可能促使体内应激激素（如肾上腺素和皮质醇）的分泌增加，表现为血糖升高；长期焦虑可能会导致激素水平失衡。应激激素的过量分泌会抑制免疫系统，降低身体抵抗力。

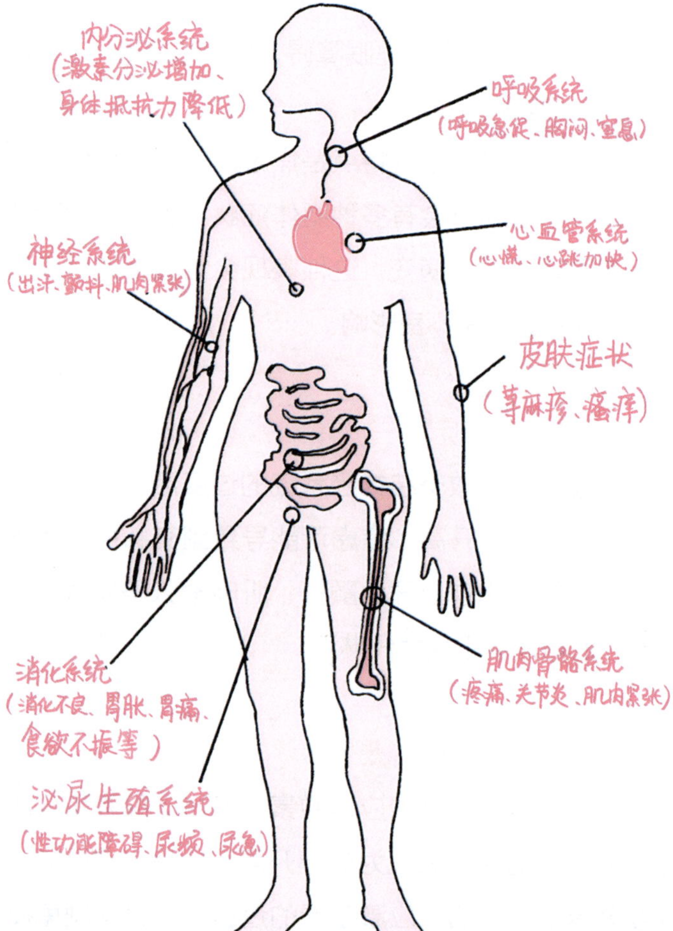

内分泌系统
（激素分泌增加、身体抵抗力降低）
呼吸系统
（呼吸急促、胸闷、窒息）
心血管系统
（心慌、心跳加快）
神经系统
（出汗、颤抖、肌肉紧张）
皮肤症状
（荨麻疹、瘙痒）
肌肉骨骼系统
（疼痛、关节炎、肌肉紧张）
消化系统
（消化不良、胃胀、胃痛、食欲不振等）
泌尿生殖系统
（性功能障碍、尿频、尿急）

### 3. 免疫系统症状

长期焦虑可能会降低T细胞数量和活性，影响身体生成抗体的能力，从而增加感染和疾病的发生率。焦虑还可能导致免疫系统对病原体的反应过度，引起炎症反应。

### 4. 心血管系统症状

焦虑可能导致心慌、心跳加快、血压升高，增加心血管疾病的风险；有些患者还会有心前区疼痛或不适感。长期焦虑还可能引起冠状动脉痉挛，进一步影响心脏健康。

### 5. 消化系统症状

焦虑可能导致消化不良、胃胀、胃痛、腹泻或便秘等症状；有时患者会感到恶心或呕吐，可能使得孕妇的孕期反应加重；长期焦虑还可能影响食欲，导致营养不良或体重变化。

### 6. 呼吸系统症状

焦虑可能导致呼吸加快或变浅，患者可能会出现呼吸急促、胸闷或窒息感。有时会有一种压迫感，仿佛胸口有重物。长期焦虑还可能引发慢性呼吸系统疾病，如哮喘等。

### 7. 肌肉骨骼系统症状

焦虑可能导致肌肉紧绷或紧张，引起头痛、肩颈痛或其他部位的疼痛。长期焦虑还可能加剧关节炎或其他肌肉骨骼疾病。

### 8. 泌尿生殖系统症状

焦虑可能影响性激素的分泌，导致性欲减退或性功能障碍；可能会出现尿频、尿急。

### 9. 皮肤症状

焦虑可能导致皮肤问题，如荨麻疹或瘙痒。

孕期出现焦虑不仅影响身体健康，还可能引发先兆流产、早产及影响胎儿的发育，因此，需要及时识别和干预。

# 焦虑评估工具箱

焦虑情绪量表评估是一种用于测量个体焦虑程度和焦虑症状的工具。量表分为自评和他评量表，以下是一些常见的焦虑情绪量表及其评估方法。

自评工具如 7 项广泛性焦虑障碍量表（GAD-7），总分范围为 0～21 分。0～4 分为不具有临床意义的焦虑；5～9 分为轻度；10～14 分为中度；≥ 15 分为重度。用作焦虑症状辅助诊断时，GAD-7 的分界值为≥ 10。

他评量表如汉密尔顿焦虑量表（HAMA），包含 14 个项目，一般由具备专业资质的医务工作人员开展评估。每个项目按 1~4 分评分，总分范围是 0~56 分。总分超过 29 分，可能为严重焦虑；29～22 分，有明显焦虑；21～15 分，肯定有焦虑；14～7 分，可能有焦虑；＜7分，没有焦虑。一般以总分14分为分界值。其他焦虑情绪量表及其评估方法详见附录2。

## GAD-7 焦虑症筛查量表

在过去两周里，你生活中有多少天出现以下的症状？请在对应的位置打“√”。

| | 没有 | 有几天 | 一半以上时间 | 几乎每天 |
|---|---|---|---|---|
| 1. 感到不安、担心及烦躁 | 0 | 1 | 2 | 3 |
| 2. 不能停止担心或控制不了担心 | 0 | 1 | 2 | 3 |
| 3. 对各种各样的事情过度担心 | 0 | 1 | 2 | 3 |
| 4. 很紧张，很难放松下来 | 0 | 1 | 2 | 3 |
| 5. 非常焦躁，以致无法静坐 | 0 | 1 | 2 | 3 |
| 6. 变得容易烦恼或易被激怒 | 0 | 1 | 2 | 3 |
| 7. 感到好像有什么可怕的事会发生 | 0 | 1 | 2 | 3 |

# 和焦虑 Say Bye-Bye 的自救指南

应对焦虑情绪的方法有很多，主要可以分为心理策略、行为方法和生理调节等，可以尝试以下这些方法进行自我调整。

## 1. 心理策略

（1）认知行为疗法（CBT）

识别并挑战负面思维模式，改变对焦虑情境的反应。通过情绪和思维记录把内心的焦虑和情感表达出来，可以帮助理清思路，减轻心理负担。

**具体步骤如下：**

第 1 步：回忆并描述一件让你感到痛苦或不安的事件

在表格顶部简要描述一件让你感到困扰的事情。

你可以选择记录下任何一个让你感到焦虑或者感到失落的瞬间。

第 2 步：识别消极感受

在表格中找到与你的消极情绪相符的词汇，并根据你的感受程度进行评分，范围从 0（完全没有这种想法）到 100（完全是我的想法）。

第 3 步：记录消极想法

将你的消极想法记录下来，并根据你对这些想法的相信程度进行评分，范围同样为 0 到 100。

第 4 步：识别认知扭曲

分析每个消极想法，找出其中的认知扭曲。可以参考“认知扭曲对照表”来帮助你识别。

第 5 步：替换为积极的想法

用更加积极和现实的想法替换原有的消极思维，并对这些积极想法的相信程度进行评分。最后，再次评估你对每个消极想法的相信程度，以观察变化。

举例：

### 思维记录表

| 情境 / 事件 | 自动思维及相信程度（0%～100%） | 情绪及其程度 | 合理的信念 | 情绪和行为的变化 |
|---|---|---|---|---|
| 怀孕早期感冒且服用了感冒药 | 药物一定会让宝宝畸形（100%） | 担忧、沮丧、愧疚 | 询问医生，剂量不大，且产检未见胎儿畸形（臆测未来） | 不要胡思乱想，定期产科随访 |

### 认知扭曲对照表

| | | |
|---|---|---|
| 1 | 非黑即白 | 你的世界是绝对的，非黑即白，没有灰色地带 |
| 2 | 过度概括 | 你认为坏事永远都不会结束，或者把一次失败看成永远的失败，你还会告诉自己："我总是这样！" |
| 3 | 心理过滤 | 你只看得到事物消极的一面，而完全忽视积极的一面 |
| 4 | 优势打折 | 你坚持认为自己取得的成就或是优良品质都无足轻重 |

（续表）

| | | |
|---|---|---|
| 5 | 妄下结论 | 即使没有确切的事实证明，也会迅速地下定消极结论<br>A. 读心：觉得所有人都戴着有色眼镜看自己，认为自己不好<br>B. 臆测未来：你总觉得所有的事都会以失败收尾 |
| 6 | 放大或缩小 | 你要么把一件事看得过分重要，要么会把一件事情的重要性无限缩小 |
| 7 | 情绪化推论 | 你的推论源于你的感受：“我觉得自己是个傻子，我一定就是个傻子。” |
| 8 | “应该”句式 | 你总是告诉自己：“应该、必须、不得不”做什么 |
| 9 | 乱贴标签 | 在不顺利的时候，你会告诉自己“我是个傻瓜”或者“我是个失败者”，而不是坦然承认自己只是犯了一个错误 |
| 10 | 归咎责备 | 在遇到问题的时候，你总是寻找犯错的人，而不是积极解决问题<br>A. 罪责归己：每次出现了问题，不管是不是自己的责任，你都会责怪自己<br>B. 罪责归他：每次出现了问题，你都会直接无视自己的问题，而不停地怪罪别人 |

说明：该模型由戴维·伯恩斯于1984年提出，2003年修订。

（2）正念冥想

通过练习呼吸放松和身体扫描，专注于当下的体验，减少对未来的担忧。

第 1 步：找一个舒适的地方坐下，同时保持放松的姿势，让脊椎直立，又不会太僵硬。

第 2 步：闭上你的眼睛（也可以稍微睁开），然后慢慢地呼吸几次。花点时间放松身体，从头到脚，再做几次深呼吸。

第 3 步：放空，注意全身的感觉——温暖或凉爽。特别注意温度的变化，但不要坐立不安。

第 4 步：选择一种感觉，比如你呼吸进出的感觉，并将注意力集中在上面，全身心只专注于此项内容。

第 5 步：当你的思绪飘荡时，把注意力拉回到呼吸上。片刻之后，思绪可能会再次走神。注意到这一点，则将注意力重新回到当下。

第 6 步：当你准备好后，开始 1 分钟、10 分钟或 30 分钟后，缓缓睁开眼睛。

尽管这次正式冥想练习已经结束，但正念意识却可以持续一整天。接受焦虑情绪，认识到它是一种正常的反应，而不是负面体验。学会对自己宽容，不要过于苛责。

## 2. 行为方法

适量的身体活动可以释放内啡肽，改善心情，减轻焦虑。推荐有氧运动，如慢跑、游泳、孕期瑜伽等。特别应当注意的是，实施运动计划前需结合自身情况，咨询产科医生，保障孕期安全。

与朋友、家人分享自己的感受，寻求支持和理解。加入兴趣小组或支持团体，增加社交互动。

### 3. 生理调节

通过深呼吸来放松身体，减少紧张感。可以尝试4-7-8 呼吸法：吸气 4 秒，屏住呼吸 7 秒，呼气 8 秒。

### 4. 日常习惯

保持均衡饮食，避免过量摄入咖啡因和糖分，这些可能加重焦虑。增加富含 ω-3 脂肪酸的食物，如鱼类、坚果等，也有助于改善情绪。确保每天获得足够的睡眠，睡眠不足可能会加重焦虑。维持规律的作息时间，创造舒适的睡眠环境。多参与自己喜欢的活动，培养积极的生活态度。

### 5. 专业帮助

如果焦虑严重影响生活，建议寻求心理健康专业人士的帮助，进行专业的心理治疗。在医师的指导下，可以考虑使用抗焦虑药来缓解严重的焦虑症状。（相关心理服务资源可参考附录 1）

# 中医化解焦虑的秘籍

## 1. 穴位贴敷

药物组成：党参 15 克，白术 15 克，陈皮 10 克，续断 10 克，砂仁 10 克，桑寄生 10 克，菟丝子 10 克。

将以上中药研磨至粉状，以姜汁为药引，调制成膏，制成 0.5 厘米 ×0.5 厘米 ×0.3 厘米大小的药垫，药垫上层增添一层医用胶布以便于贴敷。嘱孕妇端坐位或仰卧位，取穴足三里（双）、神阙、内关（双）、中脘等穴，清洁皮肤后将药垫贴于穴位处。贴敷 8 个小时后取下，每天 1 次，以 4 次为 1 个疗程，1 个疗程后休息 1 周，共贴敷 5 个疗程。

## 2. 五行音乐调畅情志法

早在春秋战国时期的《黄帝内经》中认为，形成宇宙万物的木、火、土、金、水与五音，即角、徵、宫、商、羽相对应，并进一步与人体的五脏（肝、心、脾、肺、肾）、五志（怒、喜、思、悲、恐）及自然界的五季（春、夏、长夏、秋、冬）等相联系，逐渐形成了独特的五行音乐理论体系，具有“五音疗疾”的记载。现将中国古典音乐与五音对应进行归纳，具体如下。

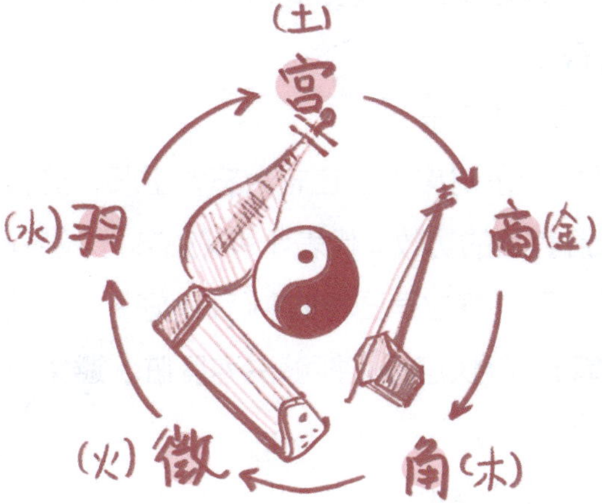


（1）宫调式音乐

宫调式音乐对应土，在志为思，主脾胃，具有调和脾胃、促进全身气机协调与稳定的作用。代表作有《良宵》《花好月圆》《光明行》《春江花月夜》《月儿高》

《月光奏鸣曲》等。这些曲目以悠扬沉静、敦厚庄重的风格为主，能够有效调和脾胃之气的升降。

（2）商调式音乐

商调式音乐对应金，在志为忧，主肺，具有滋润肺部、调和肺气的宣发肃降的作用。代表作有《将军令》《黄河》《潇湘水云》《金蛇狂舞》《十五的月亮》《第三交响曲》《嘎达梅林》等。这些曲目风格高亢悲壮，能够通过音乐的力量彻底梳理肺部，降低过度兴奋，调神静心。

（3）角调式音乐

角调式音乐对应木，在志为怒，主肝，具有疏肝利胆、保肝养目的功效。代表作有《姑苏行》《鹧鸪飞》《蓝色多瑙河》《春之声圆舞曲》《江南好》等。这些曲目亲切清新、舒快悠扬，能够滋养肝脏，避免过多的肝气演变为肝火。

（4）徵调式音乐

徵调式音乐对应火，在志为喜，主心，具有调节心脏功能、使人奋发向上的作用。代表作有《紫竹调》《新春乐》《步步高》《狂欢》《卡门序曲》《喜洋洋》《流水》《梁祝》《春节序曲》等。这些曲目旋律热烈欢快，能够疏导血脉，平稳血压。

（5）羽调式音乐

羽调式音乐对应水，在志为恐，主肾，具有促进全身气机的下降、调节肾与膀胱功能的作用。代表作有《江河水》《梁祝》《汉宫秋月》《二泉映月》《平沙落雁》《月光奏鸣曲》等。这些曲目柔婉动听，能够温养肾精，安神助眠。

遵循五行生克制化的规律，针对孕产妇的主要情志表现辨证选择五行音乐。可分为 3 个阶段，每个阶段干预频率均为每日 2 次，每次 30 分钟。若治疗过程中，患者五志发生变化，需及时辨证调整音乐选择方案。

### 3. 佩戴香囊

中医认为芳香的中草药可开窍，根据妊娠焦虑情绪，可佩戴具有芳香安神、疏肝解郁作用的香囊。

香囊草药具体组成：茉莉花 9 克、玫瑰花 9 克、薰衣草 9 克、陈皮 6 克、杜仲 9 克、绿萼梅 9 克、薄荷 3 克。

将上述中药放入香囊袋中，可以随身佩戴，或放在床头闻香。

### 4. 药膳

民以食为天，先兆流产患者非常担心妊娠结果，焦虑在所难免，时常寝食不安。通过可口的药膳调补，不仅能安胎，还能舒缓紧张情绪。现推荐如下药膳：

- **巴戟枸杞猪腰汤**

巴戟、枸杞、党参各 15 克，红枣 8 个，陈皮 5 克，新鲜猪腰 1 个，洗净猪腰，去除内膜臊筋，一起放入砂锅中，食盐少许，水适量，旺火煮开后文火再炖 60 分钟，食肉喝汤。适合肾虚胎动不安的患者。

### ● 砂仁枸杞蒸鸡

春砂仁10克（打碎），枸杞15克，土鸡肉500克，将鸡肉剁块，焯水，去血沫后倒入汽锅中，下适量生姜、葱、盐，放枸杞、砂仁，将汽锅放蒸锅上蒸30分钟后可食。适合脾胃虚弱的胎动不安患者。

### ● 母鸡糯米粥

母鸡1 500克，大墨斗鱼（乌贼）干1条（重约250克），糯米150克，食盐少许。将母鸡宰杀去毛，内脏洗净备用；锅内加入清水适量，将母鸡及内脏与墨斗鱼共煮炖烂；取浓汤，加入淘洗干净的糯米煮成稠粥，熟时加盐调味服食，鸡肉、墨斗鱼佐料食用。有补虚固胎的功效。

虽然可以选择的方法较多，但也请准妈妈和家人们咨询专业的医师，了解自己的具体情况后，辨证使用。

# 准爸爸贴心服务小技巧

孕产期是女性生命中的重要时期，准爸爸在孕妈妈的怀孕中始终扮演着不可缺少的重要角色，孕育生命不仅仅是孕妇一个人的战斗，更是整个家庭，特别是准爸爸，都要一起面对的未来。

## 1. 提供情感慰藉

作为伴侣，孕期中经常表达对爱人的爱意和关心，让孕妈妈感到被珍视；倾听她的感受和担忧，给予理解和安慰；鼓励孕妈妈表达自己的情绪，不要对负面情绪进行批评或否定。

### 例 1

孕妈说：“老公，我又长胖了，你看，肚子怎么这么大！呜呜……”

错误回答:“哎呀，不胖不胖，再说了，你不吃胖点，孩子怎么能有营养呢？”

不如说:“是吧，又长胖了啊，怀孕很不容易，很辛苦啊，抱抱！”

例 2

孕妈说:“老公，我好烦啊！”

错误回答:“没事的啦，又没什么大事，不要烦啦！”

不如说:“亲爱的，为什么心烦呀？愿意和我说说吗？”

孕妈说:“我也不知道，就是心里很烦。”

错误回答:“那想点别的吧，想点开心的事情就好了。”

不如说:“你现在怀着小宝宝呢，有时候是容易烦的，或者我们一会出去走走透透气，你看怎样？”（提出具体的改善方案或者征求孕妇的喜好，比让孕妇处于思考的状态更有利于缓解心理压力）

## 2. 陪伴产检、学习产检知识

尽可能陪伴孕妇参加所有的产检；与孕妇一起参加产前课程，学习孕产知识；在产检中积极与医生沟通，了解孕妇和胎儿的状况；了解孕妇在孕产期可能遇到的身体和情绪变化；讨论分娩计划，尊重孕妇的分娩选择，给予支持。

充电一刻

*Charge for a moment*

## 孕期不良情绪的影响要知道！

孕期妈妈的情绪波动对胎儿的发育有着深远影响。当妈妈处于压力或焦虑状态时，身体分泌的皮质醇会通过胎盘传递给胎儿，影响其大脑发育，可能导致认知功能受损。同时，妈妈不稳定的心率会让胎儿在子宫内缺乏安全感，影响其情感发展和应对压力的能力。

产后抑郁不仅影响妈妈自身，还通过母婴互动对宝宝产生负面影响。妈妈的紧绷情绪传递给宝宝，导致宝宝分泌更多压力皮质醇，影响成长。长期的压力激素分泌还可能导致宝宝免疫系统紊乱，增加生病的风险，且妈妈的抑郁情绪会限制宝宝大脑神经元的发育，影响其情感发展。

长期的焦虑和生气会给孕妇自身带来诸多健康问题，如诱发妊娠高血压、心血管疾病，增加早产、流产及产后大出血等风险。消极情绪会加剧分娩疼痛，产后抑郁症还会使女性情绪低落、身体不适，严重者可能出现自残或自杀倾向。

孕产期女性的情绪波动会对家庭关系产生冲击。与长辈共同生活的不适应感加剧，导致代际关系疏离；妻子的负面情绪转移给丈夫，若处理不当，易引发夫妻关系恶化；不同的育儿观和孕产妇的负面情绪，还会导致婆媳矛盾增多。

手机扫一扫，观看科普小短剧。

《孕早期的焦虑》

*Chapter 3*

# 孕期疲惫不堪，警惕抑郁

小俞一直期待着成为母亲。当她发现自己怀孕的那一刻，心中充满了幸福与期待。然而，随着怀孕的进行，身体上的疲惫感和孕吐逐渐压过了她的喜悦。最初，她以为这只是“孕期激素”变化的正常反应。但日子一天天过去，她发现自己的疲惫感和孕吐不仅没减少，内心深处的孤独感和无助感还不断加深，情绪也变得极为脆弱。常常会眼泪止不住地流下来，脑海中闪烁着对未来的种种担忧，对曾经热爱的活动失去了兴趣，整天只想静静地躺着。目前状态让她不得不休病假在家养病。产检医生了解后建议她至心理科就诊。

小俞，你最近情绪很低落，不开心，可能得了围产期抑郁症。

啊？不会吧？抑郁症会想自杀，我没有呀，我就是太累了。

疲乏感仅是抑郁的症状之一，你还有情绪低、兴趣少、焦虑、无助感等，而且这些似乎已经影响到你的工作及生活。

你这么说，确实是的。

# 捕捉抑郁的蛛丝马迹

孕期抑郁症是指在怀孕期间出现各类抑郁症表现，又称为产前抑郁。这种情况对母亲及婴儿的健康都有潜在影响。以下是孕期抑郁症的常见症状。

- ✓ **情绪低落：**经常感到悲伤、绝望或焦虑。
- ✓ **兴趣减退：**对生活中的事情失去兴趣和乐趣。
- ✓ **疲劳感：**不论是身体还是心理上的疲惫，感到容易疲倦。
- ✓ **自我价值感低：**对自己产生负面评价，感到无助或无价值。常常自责，觉得自己做得不够好，认为自己不是合格的母亲。
- ✓ **食欲变化：**食欲显著下降，体重变化明显，甚至孕吐明显增加。
- ✓ **失眠：**睡眠质量差，入睡困难或过度嗜睡。

✓ **注意力和记忆力下降：** 难以集中注意力，决策困难，失去耐心；记忆力下降。

✓ **焦虑与恐惧：** 对未来感到过度担忧，尤其是对宝宝的健康和自己的养育能力；常常感到紧张、烦躁。

✓ **对他人的隔离：** 与家人朋友的互动减少，感到孤独；希望独处，不愿意社交。

✓ **身体不适症状：** 可能出现头痛、胃痛、心悸等不适，且无明显生理原因。

✓ **自杀念头：** 在极端情况下，可能出现自伤或自杀的想法。

孕期常常会较孕前更加敏感，出现情绪低落的情况，但这并不代表就得了抑郁症，需要注意孕期抑郁情绪和抑郁症的区别。

Tips

## 如何区分抑郁情绪和抑郁症？

抑郁情绪是生活中常见的情绪波动，比如遇到了一些生活事件后产生的短时间情绪低落，可以通过自我调节得到缓解。一般仅围绕负性事件本身的情绪反应，不影响学习工作等社会功能。

抑郁症则是无故悲伤流泪，情绪低落，提不起兴趣，睡眠过度或者失眠，有自杀等消极念头，这些症状持续2周以上，无法通过自我调节来缓解，并且严重影响学习、工作和生活。

# 孕期抑郁评估工具箱

孕期抑郁症评估工具分为自评量表和他评量表。自评量表有病人健康问卷 -9（PHQ-9）、爱丁堡产后抑郁量表（EPDS）、产后抑郁筛查量表（PDSS）等，临床上常用爱丁堡产后抑郁量表；他评量表有汉密尔顿抑郁量表（HAMD）及蒙哥马利 - 艾森伯格抑郁量表（MADRS）。具体的量表详见附件 2。

这里详细介绍 PHQ-9 自评量表的使用方法。

## 病人健康问卷-9（PHQ-9）

本量表共10项。包括9项症状量表和1项功能总评。症状量表分别评定：①兴趣减退；②情绪低落；③睡眠障碍；④疲劳感；⑤进食障碍；⑥自卑感；⑦注意集中困难；⑧精神运动迟缓，⑨自杀症状，第10项为功能总评。为0～3分4级评分，按近2周内症状的出现频度评定。PHQ的总分为1～9各条目分的总和，范围为0～27；其得分可用于评估抑郁症状的严重程度：0～4分无抑郁症状；5～9分为轻度；10～14分为中度；15分以上为重度。

指导语：在过去的两周里，你生活中以下症状出现的频率有多少？把相应的数字得分加起来。

| 序号 | 问题 | 没有 | 有几天 | 一半以上时间 | 几乎每天 |
|---|---|---|---|---|---|
| 1 | 做事时提不起劲或没有兴趣 | 0 | 1 | 2 | 3 |
| 2 | 感到心情低落、沮丧或绝望 | 0 | 1 | 2 | 3 |
| 3 | 入睡困难、睡不安稳或睡眠过多 | 0 | 1 | 2 | 3 |
| 4 | 感觉疲倦或没有活力 | 0 | 1 | 2 | 3 |
| 5 | 食欲不振或吃太多 | 0 | 1 | 2 | 3 |

（续表）

| 序号 | 问题 | 没有 | 有几天 | 一半以上时间 | 几乎每天 |
|---|---|---|---|---|---|
| 6 | 觉得自己很糟，或觉得自己很失败，或让自己或家人失望 | 0 | 1 | 2 | 3 |
| 7 | 对事物专注有困难，例如阅读报纸或看电视时不能集中注意力 | 0 | 1 | 2 | 3 |
| 8 | 动作或说话速度缓慢到别人已经觉察，或正好相反，烦躁或坐立不安、动来动去的情况更甚于平常 | 0 | 1 | 2 | 3 |
| 9 | 有不如死掉或用某种方式伤害自己的念头 | 0 | 1 | 2 | 3 |

# 驱散抑郁的自助锦囊

医生，如果真得了抑郁症，我该怎么办？

孕期出现抑郁的情绪是比较常见的，在症状比较轻微阶段，可以通过一些自我调适的方法来应对。但如果自我调节的方法不能缓解，还需到精神或心理专科门诊寻求专业帮助！

你可以尝试以下这些方法进行自我调整：

## 1. 规律作息

保持稳定的生物钟对情绪管理至关重要。每天设定固定的睡眠时间，并确保获得 7～9 个小时的高质量睡眠，以助于大脑恢复和缓解焦虑抑郁。

## 2. 适度运动

孕期适当的运动对情绪有显著的积极影响。建议孕妇每周至少进行三次锻炼，逐渐增加至每天 30 分钟的有氧运动和抗阻训练。对于有运动习惯的孕妇，可以维持原有运动水平或进行中高强度训练，每周至少四次，每次不少于 30 分钟，直至妊娠晚期。但运动的前提是身体没有不适或并发症。

## Tips

### 运动的种类和强度该如何选择？

- 有氧运动：步行、慢跑、游泳、瑜伽、太极等低冲击性运动。轻度至中度的强度，即感觉舒适且能够交谈。
- 伸展和放松运动：瑜伽、普拉提、伸展运动等。强度较轻，避免过度伸展或超出舒适范围。
- 力量训练：使用轻负荷、高重复次数的器械或自体重训练，例如哑铃、弹力带、体重深蹲等。轻度至中度的强度，避免过度用力和持续性紧张。
- 户外散步：轻度至中度的强度，以舒适的步行速度为主。
- 静态自行车骑行：轻度至中度的强度，以舒适的节奏进行。

- ✓ 轻度哑铃训练：轻度，使用轻负荷进行高重复次数的训练。
- ✓ 轻度高尔夫球练习：轻度，避免过度用力和扭转动作。
- ✓ 站立式瑜伽：轻度至中度的强度，取决于瑜伽姿势的挑战程度。
- ✓ 低冲击性有氧舞蹈：轻度至中度的强度，取决于舞蹈的速度和强度。
- ✓ 轻度跳绳：轻度至中度的强度，避免高强度的跳跃动作。
- ✓ 轻度户外骑行：轻度至中度的强度，避免颠簸和高速骑行。

## 妊娠期运动禁忌证参考表

| 分类 | 具体情形 | 处理建议 |
| --- | --- | --- |
| 绝对禁忌证 | 严重心脏或呼吸系统疾病、重度子痫前期 / 子痫、未控制的高血压、未控制的甲状腺疾病、未控制的 1 型糖尿病、宫颈功能不全、持续阴道出血、先兆早产、前置胎盘、胎膜早破、重度贫血（如血红蛋白 < 70 克 / 升）、胎儿生长受限、多胎妊娠（三胎及以上） | 禁止规律运动仅限日常活动 |
| 需经专业评估后决策 | 轻中度心脏或呼吸系统疾病、复发性流产史、早产史、严重肥胖（BMI ≥ 35）、营养不良或极低体重（BMI < 12 千克 / 平方米）、双胎妊娠、癫痫且症状控制不佳 | 医生评估运动风险与获益<br>明确运动形式、频率、强度<br>制订个体化方案 |
| 运动中出现需立即停止 | 阴道出血、规律并有痛觉的宫缩、胎膜早破、呼吸困难、头晕、头痛、胸痛、肌肉无力 | 立即终止运动<br>及时就医评估 |

## 中国妊娠期运动方式推荐表（参考中国专家共识）

| 项目 | 推荐内容 | 科学依据与注意事项 |
|---|---|---|
| 推荐运动类型 | 有氧运动：步行、游泳、固定式自行车<br>抗阻力运动：轻量哑铃、弹力带训练<br>专项训练：盆底肌训练（凯格尔运动） | 优先选择低冲击、低风险运动<br>避免：身体接触性运动（如球类）、易摔倒运动（滑雪）、仰卧位运动（影响静脉回流）、高温环境运动（高温瑜伽）<br>游泳需水温 28～32℃，禁用于阴道出血 / 胎膜早破者 |
| 运动频率 | 每周 3～5 天 | 盆底肌训练需每日进行（凯格尔运动 50～100 次 / 天）<br>无运动习惯者从低强度开始（如每日 10 分钟步行） |
| 运动强度 | 中等强度（需同时满足以下两条）：心率达心率储备（HRR）的 60%～80%；自感劳累分级（RPE）13～14 分（Borg 量表显示“有点困难”） | 计算公式：目标心率 =（220- 年龄 - 静息心率）× (60%～80%)+ 静息心率<br>替代方案：“谈话测试”——运动时微喘但能正常交谈<br>避免高强度运动（HRR > 90%） |
| 体温控制 | 运动时核心体温 < 38℃ | 禁止桑拿、热水浴（增加神经管畸形风险）<br>避免在高温、高湿环境下运动（如午后烈日下） |

（续表）

| 项目 | 推荐内容 | 科学依据与注意事项 |
| --- | --- | --- |
| 分阶段调整 | 孕早期：温和有氧（散步、伸展）<br>孕中期：加入抗阻力训练（哑铃、游泳）<br>孕晚期：侧重盆底肌训练、低强度有氧训练 | 孕晚期减少仰卧位动作<br>随着孕周的增加而降低运动强度 |
| 终止运动信号 | 阴道出血、规律宫缩、胎膜早破、呼吸困难、头晕、头痛、胸痛等 | 出现任一种症状都需立即停止运动并就医 |

参考资料：中国妇幼保健协会妊娠合并糖尿病专业委员会，中华医学会妇产科学分会产科学组. 妊娠期运动专家共识（草案）[J]. 中华围产医学杂志，2021，24（9）：641-645.

## 3. 社交支持

建立良好的社交网络对预防抑郁至关重要。与亲友分享感受，加入孕妇或新妈妈支持小组，可以减少孤独感，获得情感支持和实用建议。

## 4. 健康饮食

均衡饮食对心理健康极为重要。增加新鲜水果、蔬菜、全谷物、瘦肉和健康脂肪的摄入，减少糖分和咖啡因，保持充足水分。特别补充富含 ω-3 脂肪酸、维生素 D 和 B 族维生素的食物，以及益生菌的摄入，它们通过肠 - 脑轴影响情绪调节。

在人体内有一个重要的通路叫"肠 - 脑轴"，连接大脑和肠道之间的关系。大肠在医学领域中被称为"第二大脑"，肠道菌群负责向大脑递送大脑所需五羟色胺和多巴胺。这些物质就是主导焦虑抑郁情绪的神经递质。当然，益生菌种类多，缓解焦虑抑郁情绪时要选择对情绪有效的益生菌菌株，且菌株剂量要达到一定要求。

### 5. 培养兴趣爱好

投身于绘画、手工艺、阅读或游戏等爱好，有助于缓解负面情绪，提升创造力和自我价值感，改善心理状态。

### 6. 避免负面信息

限制接触负面新闻和社交媒体，转向积极内容，有助于改善情绪。选择心理健康相关的书籍、播客或视频作为正面能量的来源。

### 7. 其他

你也可以通过学习深呼吸练习等放松技巧，记录情绪日记、调节认知等方式来帮助自己。（具体参考P39页关于缓解孕期焦虑的相关内容）

自我调整的方法虽然重要，但如果症状持续或加重，请务必寻求专业的心理咨询或治疗。心理健康专业人士可以提供专业的评估与建议，帮助你制订个性

医生，如果这些都不管用，我就要住院了吗？

不一定要住院治疗，但是需要进入专业治疗阶段。

化的治疗方案。孕期抑郁症是可以治疗的，早期干预有助于改善你的心理状态和母婴健康。

## 8. 专业的治疗

心理治疗是轻度孕产期抑郁症的一线治疗方法。推荐中度或重度抑郁症患者、以前服用过抗抑郁药的患者、有药物治疗意愿的患者或无法获得心理治疗的患者采用抗抑郁药治疗。可与临床医生讨论沟通未经治疗的围产期抑郁症的风险，以及药物对母亲和胎儿或婴儿的风险和益处。

孕期抑郁症最常用的药物是选择性 5- 羟色胺再

摄取抑制剂和5-羟色胺-去甲肾上腺素再摄取抑制剂。这些抗抑郁药有一定成效，但通常需要4~6周才能改善症状。用药后常见的不良反应可能包括恶心、口干、失眠、腹泻、头痛、头晕、躁动、性功能障碍和嗜睡。根据医嘱在孕前3个月和孕晚期后3个月尽可能减少药物剂量。

# 中医调情志疗法

## 1. 音乐疗法

五行音乐可以通过调整阴阳、调节脏腑、气血津液功能，提高患者的睡眠质量、改善焦虑、抑郁情绪。宫音醇厚庄重、悠扬沉静，易抒发情感，具有“土”之特性，可入脾；商音高亢悲壮、铿锵雄伟，具有“金”之特性，可入肺；角音圆长通澈、生机盎然，具有“木”之特性，可入肝；徵音热烈欢快、活泼轻松、催人奋进向上，具有“火”之特性，可入心；羽音高洁澄净、凄切哀怨，具有“水”之特性，可入肾。如肾虚肝郁证，角调施之；肝郁脾虚证，宫调施之；肝胆湿热证，商调施之；心肾不交证，徵调和羽调共施之；心脾两虚证，徵调和宫调共施之；心虚胆怯证，徵调施之。施乐频率为每日 2 次，每次 30 分钟。

## 2. 药膳调理

### ● 合欢解郁茶

茶包准备：合欢花 10 克、陈皮 5 克。

将上述药材放入茶包中，用沸水冲泡 10 分钟，代茶饮，一日一包，适合情绪抑郁、睡眠不佳的患者。

### ● 橘朴茶

茶包准备：橘络 3 克、厚朴花 6 克、红茶 9 克、党参 9 克。

将上述药材放入茶包中，用沸水冲泡 10 分钟，代茶饮，一日一包，适合肝郁脾虚的患者。

### ● 佛手姜茶

茶包准备：佛手 9 克、生姜 6 克。

将上述药材放入茶包中，用沸水冲泡 10 分钟，代茶饮，一日一包，适合肝郁脾湿的患者。

### ● 黄花菜羊肝汤

食材：黄花菜、羊肝、生姜、油、盐适量。

制作方法：将黄花菜洗净，用开水焯熟，将羊肝切片，爆炒即可。具有疏肝理气的作用。

● **苏叶百合粥**

食材：紫苏 12 克、百合 12 克、小米适量。

制作方法：将紫苏及百合先煮 20 分钟，取汁放入小米中熬粥。具有疏肝安神的作用。

● **橘皮粥**

食材：橘皮 9 克、粳米 180 克。

制作方法：把橘皮与粳米共同熬粥。具有健脾疏肝的作用。

### 3. 药浴足疗法

中药足浴是当代临床中应用广泛的一种疗法，主要通过温热效应，使药液经皮肤毛孔渗透进人体，然后通过经络，作用于脏腑，改善身体代谢，达到平衡阴阳、调节气血的目的，便可以有效防治胎动不安，改善焦虑情绪。

选用白术 10 克、续断 10 克、党参 10 克、陈皮 10 克、杜仲 10 克、砂仁 10 克、桑寄生 15 克、菟丝子 15 克，用清水浸泡半小时之后，用大火煮沸，再转小火煎煮半小时，然后将药液倒入木桶之中，待到药液温度降低至 40℃后，浸泡双脚，1 次 / 天，每晚睡觉前泡脚，30 分钟 / 次。

# 准爸爸可以提供的支持

孕产期是女性生命中的重要时期，准爸爸在孕妈妈的怀孕中始终扮演着不可缺少的重要角色，孕育生命不仅仅是孕妇一个人的“战斗”，更是整个家庭，特别是准爸爸要一起面对的未来。

## 1. 提供舒适环境、分担家务

确保家中环境舒适、安静，有利于孕妇休息，减少家中的噪音和压力来源；主动承担家务，减轻孕妇的体力负担；帮助孕妇准备健康的餐食；提前与孕妇一起准备待产包，确保临产时不会手忙脚乱。

## 2. 鼓励运动、协助放松

鼓励孕妇进行适当的运动，如散步、孕妇瑜伽等；

帮助孕妇一起找到放松的方法，如深呼吸、冥想等放松练习，也可以一起听轻音乐、按摩等；如可能，陪同孕妇一起进行运动和练习。

### 3. 关注社交需求

支持和陪伴孕妇参加社交活动，鼓励孕妇与朋友和家人保持联系；尊重孕妇的喜好和习惯。注意孕妇的身体变化和需求，活动受到限制时及时提供帮助。

# 充电一刻

*Charge for a moment*

## 积极心态有助于分娩和产后恢复

研究表明，焦虑和恐惧感会导致身体的紧张反应，进而影响分娩的进程。相反，保持积极心态的孕妇通常能够以更放松的状态面对分娩过程，减少疼痛等不适，减轻孕妇在分娩时的焦虑和恐惧，同时提高分娩的效率，加快产后恢复，减少产后并发症的发生。这是每个孕妈妈所期待的孕期状态。采用深呼吸、冥想或其他放松技巧来帮助孕妇应对分娩时的紧张情绪，从而达到更好的分娩体验。在分娩后，女性的身体经历了剧烈的变化和恢复过程，心理状态的积极性能够促使她们更好地适应新角色和生活方式。这种积极心态使得母亲更愿意参与身体锻炼、调整饮食及关注自身的休息和恢复，从而加速身体的康复。此外，积极心态还能减少产后抑郁和其他心理问题的发生。产后抑郁症常常与母亲的心理健康密切相关，心理状态不佳的母亲更易于感到疲惫和沮丧。而保持积极心态的母亲则能够更好地应对产后情绪波动，建立良好的支持网络，从而降低患抑郁症的风险。

手机扫一扫，观看科普小短剧。

《孕检的困扰》

*Chapter 4*

# 生娃后<br>控制不住地流泪

小铁以为迎接儿子小凡的到来会带来无尽的喜悦，但现实却考验着她的耐心。小凡体质敏感，稍有不慎便会过敏，这让小铁时刻绷紧神经。夜里，小凡常常哭闹不止，让小铁疲惫难安。即便如此全力以赴，婆婆仍对她的照顾横加指责，让小铁备感无奈和压力，常常忍不住流泪。本想向丈夫阿强倾诉，然而阿强只是一味地说教，甚至还责怪她是不是产后就得了“公主病”，总是劝她要坚强，想开点。这让小铁感到无比孤独，出现情绪低落，甚至影响了母乳分泌。她开始怀疑自己的能力、活着的意义，甚至不愿面对小凡，心中充满了对当初作出生孩子决定的质疑。在产后 42 天的随访中，细心的产科医生察觉到她的困境，建议她去看心理科医生。小铁决定勇敢地跨出这一步，去寻求心理医生的帮助。

医生，我身边很多人都说我产后变得矫情了，得了“公主病”，以你的专业判断，我是怎么了？

如果你刚才描述的症状超过两周了，那就是产后抑郁。
医生，像我这样的人多吗？
还是有不少的，产妇里有10% ~ 15%。
她们的症状和我的一样吗？
大体相同，当然也有些差异。那现在我就给你介绍一下产后抑郁的知识吧。

# 产后“公主病”的真面目

“Baby Blues”（婴儿蓝）是指很多新妈妈在分娩后经历的一种轻微的情绪波动。通常在产后几天内出现，症状包括情绪低落、焦虑、易怒和偶尔的哭泣。这种状态通常在几天到两周内自行缓解，60%～80%的新妈妈会经历。其原因可能与激素变化、疲劳和适应新角色的压力有关。虽然 Baby Blues 较为普遍且轻微，但如果症状持续时间较长或加重，建议寻求专业帮助。

产后抑郁症最早由美国布莱斯·皮特在 1968 年提出，是指在分娩后的几周到几个月内出现产后抑郁的症状。美国精神科诊断标准（《美国精神障碍诊断与统计手册》第五版，DSM-5）规定为产后 4 周之内出现的抑郁症状，而美国妇产科医师学会（ACOG）

认为在产后的 6 月乃至 1 年之内出现的抑郁。

### 1. 产后抑郁症的常见症状

（1）情绪症状

✓ **持续的悲伤：**感觉心情低落、绝望或无助。

✓ **易怒或焦虑：**常感到紧张、焦虑或易怒。

✓ **强烈的内疚感：**感觉自己是个不称职的母亲，或对自己的母亲角色有强烈的负面评价。

✓ **情绪波动：**情绪不稳定，容易哭泣或感到情绪失控。

（2）行为和动力方面

✓ **对日常活动失去兴趣：**对平常喜欢的活动失去兴趣，包括与宝宝的互动。

✓ **缺乏动力：**感觉做任何事情都很费力，难以完成日常任务。

✓ **社交回避：**倾向于远离朋友和家人，缺乏与人社交互动的兴趣。

（3）身体症状

✓ **睡眠问题：**尽管可能非常疲劳，却难以入睡或保持睡眠，或者过度睡眠。

✓ **食欲变化：**食欲显著增加或减少，导致体重变化。

✓ **疲劳或精力不足：**持续感觉疲劳，哪怕得到了足够的休息。

（4）认知症状

✓ **难以集中注意力：**注意力难以集中，容易分心。

✓ **记忆问题：**容易忘事，记忆力减退。

✓ **决策困难：**难以做出决定或解决问题。

英国前首相丘吉尔曾经把抑郁的这些症状形容为一条“黑狗”，他曾说：“心中的抑郁就像只黑狗，一有机会就咬住我不放。”此后，“黑狗”便成了抑郁症的代名词，给抑郁症患者的生活带来极大困扰。

## 2. 产后抑郁的表现

（1）母婴关系

✓ **缺乏兴趣或无法建立亲密关系：**对宝宝缺乏兴趣或爱意，难以建立亲密的母婴关系。

✓ **过度担忧：**对宝宝的健康和安全过度担心，甚至没有理由的担忧。

（2）严重症状

✓ **自杀或死亡念头：**反复出现自杀或死亡的念头，考虑或计划自杀。

✓ **伤害自己或宝宝的念头：**可能出现伤害自己或宝宝的想法。

✓ **极端焦虑或恐慌发作：**可能伴随强烈的焦虑症状或突然的恐慌发作。

# 产后抑郁评估工具箱

作为产妇或产妇的家属，发现产妇有以上症状时，需要及时找专业的精神科和心理科寻求专业帮助。

医生，你说的症状很多我都有。我是不是很严重呀？

不一定，我们不能光看症状，还要看症状的严重程度。

太好了，那需要做什么检查吗？

我们可以做一些专业的评估。

产后抑郁症评估工具分为自评量表和他评量表，最常用的是爱丁堡产后抑郁量表。其他量表可以参考附录 2。

爱丁堡产后抑郁量表（EPDS）：主要关注情绪、焦虑和无助感。用来评估孕期和产后抑郁症状的工具，适用于怀孕及产后一年内的母亲。量表包含 10 个项目内容，可以根据症状的严重程度，每项内容分四级评分，分别是 0、1、2、3。得分范围 0～30 分，9～13 分作为划分界限，总分相加≥ 13 分时为存在产后抑郁症状群，建议及时进行干预。

## 爱丁堡产后抑郁量表（EPDS）

| 序号 | 项目 | 0分 | 1分 | 2分 | 3分 |
| --- | --- | --- | --- | --- | --- |
| 1 | 我能看到事物有趣的一面，并笑得开心 | A. 和以前一样 | B. 没有以前那么多 | C. 肯定比以前少 | D. 完全不能 |
| 2 | 我欣然期待未来的一切 | A. 同以前一样 | B. 没有以前那么多 | C. 肯定比以前少 | D. 完全不能 |
| 3 | 当事情出错时，我会不必要地责备自己 | A. 没有这样 | B. 极少这样 | C. 有时会这样 | D. 大部分时候会这样 |
| 4 | 我无缘无故地感到焦虑和担心 | A. 一点也没有 | B. 不经常这样 | C. 有时候这样 | D. 经常这样 |

（续表）

| 序号 | 项目 | 0分 | 1分 | 2分 | 3分 |
|---|---|---|---|---|---|
| 5 | 我无缘无故感到害怕和惊慌 | A. 一点也没有 | B. 不经常这样 | C. 有时候这样 | D. 相当多时候这样 |
| 6 | 很多事情冲我来，使我透不过气来 | A. 我一直像平时那样应付得好 | B. 大部分时候我都能像平时那样应付得好 | C. 有时候我不能像平时那样应付得好 | D. 大多数时候我不能应付 |
| 7 | 我很不开心，以致失眠 | A. 一点也没有 | B. 不经常这样 | C. 有时候这样 | D. 大部分时间这样 |
| 8 | 我感到难过和悲伤 | A. 一点也没有 | B. 不经常这样 | C. 相当时候这样 | D. 大部分时候这样 |
| 9 | 我不开心到哭 | A. 一点也没有 | B. 不经常这样 | C. 有时候这样 | D. 大部分时间这样 |
| 10 | 我想过要伤害自己 | A. 没有这样 | B. 很少这样 | C. 有时候这样 | D. 相当多时候这样 |

# 甩掉“黑狗”的纠缠

医生，评估结果出来了，我好像被抑郁的“黑狗”缠上了，你能教教我怎么应对吗？

好的，可以！

### 1. 允许自己感受情绪

产后生活往往伴随着巨大的情感波动，给自己一个空间去感受这些情绪是非常重要的。你无需掩饰或否认自己的感受，可以静下心来，问自己："我此刻感觉如何？"无论是焦虑、沮丧还是内疚，都是自然的反应。写下这些感受，或许能帮助你意识到，所有这些情绪都是你作为新妈妈的正常体验。

### 2. 记录自我对话

自我对话在我们心中起着强大的作用。试着观察对自己的评价，特别是在感到自责时。当你觉得"我应该做得更好"时，停下来问自己："这是真的吗？我是否真的能达到这个期望？"用更温柔的声音与自己对话，比如"我正在尽力，我的努力已经很了不起了"。

### 3. 打破完美主义

很多新妈妈在期待成为"完美妈妈"时，往往会给自己带来沉重的负担。与其追求完美，不如尝试设定"小而可行"的目标。例如，今天我只希望宝宝能吃得饱、睡得好，这就是成功。记住，养育孩子没有固定的标准。

### 4. 创造自我关怀的仪式

设定一些小的、日常的自我关怀仪式，可以帮助你重新与自己建立联系。每天花十分钟做自己喜欢的事情，比如喝一杯热茶、看一段短视频或听音乐。让这些“小确幸”成为你日常生活的一部分，感受“我也是值得被关注的”。

### 5. 找到支持和连结

与他人分享自己的感受，能帮助减轻内心的负担。分享自己的故事，可以通过朋友、家人甚至社交媒体找到志同道合的新妈妈。互相倾诉和支持可以让你明白，这种感觉并不孤单，大家都在经历类似的挑战。

### 6. 实践冥想或正念

将注意力放回到当下，帮助你更好地处理情绪。试着找一个安静的地方，闭上眼睛，专注于自己的呼吸。当思绪涌现时，轻轻地引导自己回到呼吸上。这种简单的正念练习可以帮助你放松，降低焦虑与压力。

### 7. 允许自己寻求帮助

承认并接受需要帮助并不是软弱，而是勇气的表现。如果自责感和抑郁情绪影响到日常生活，咨询心理健康专业人士，可以提供有效的帮助与支持。

这些自我调整方法可以在一定程度上帮助缓解产后抑郁的症状，但如果症状严重或持续时间较长，建议及时寻求专业医疗帮助。专业的心理治疗和药物治疗可以提供更有效的支持和干预。

一起来看看专业的干预方法有哪些吧！

（1）心理治疗

✓ **认知行为疗法（CBT）：**通过与治疗师的对话，学习新的思维和行为策略，改善情绪和功能。

✓ **人际心理治疗（IPT）：**解决人际关系问题和角色变化带来的压力。重点在于改善人际关系和应对角色转变，如从女性角色转变为母亲角色。

✓ **支持性心理治疗：**通过谈话和情感支持，帮助患者理解和应对他们的情绪和困扰。

（2）药物治疗

✓ **抗抑郁药：**专科医生可能会开具抗抑郁药，如选择性 5- 羟色胺再摄取抑制剂（SSRIs）。

✓ **激素治疗：**在某些情况下，医生可能会建议使用激素替代疗法，如雌激素治疗。

需要注意，药物选择需考虑哺乳期安全性，医生会根据个体情况进行权衡。同时，需密切监测不良反应，产妇需要在专业指导下使用。

（3）其他治疗方法

✓ **重复经颅磁刺激（rTMS）：**作为一种非侵入性的治疗方案，可以通过磁场刺激大脑特定区域，改善抑郁症状。

✓ **电休克疗法（ECT）**：对于严重的、药物和心理治疗无效的产后抑郁症，ECT 可能是一种有效的选择。

（4）预防自杀

识别和预防产后抑郁及产妇自杀风险。密切监测患者的情绪和行为，提供紧急心理支持和安全计划。

（5）多学科团队合作

由心理科医生、精神科医生、护士、社会工作者等组成的团队共同制订和执行治疗计划，提供全面的治疗和支持。

专业治疗是产后抑郁症康复的关键，早期干预和综合治疗可以显著改善患者的症状和生活质量。如果你或你的家人怀疑出现产后抑郁症状，建议立即寻求专业医疗帮助。

# 中医散抑郁良方

## 1. 药膳调理

饮食调理抑郁情绪在中医中占有重要地位，常见的食疗方推荐如下。

- 当归炖猪心

食材：党参 20 克，当归 15 克，鲜猪心 1 个，葱、姜、盐、料酒若干。

制作：剖开猪心，洗净，将猪心里的血水、血块去除干净。将党参、当归洗净，再一起放入猪心，可用竹签固定。在猪心上撒上葱、姜、蒜、料酒，再将猪心放入锅中，隔水炖熟。去除药渣，再加调料调味即可。

对心脾两虚型产后抑郁患者有一定的食疗效果。

## 百合莲子排骨汤

食材：排骨 500 克，莲子、百合各 50 克，枸杞少许，米酒、盐、味精各适量。

制作：将排骨洗净，斩块，放入沸水中汆烫一下，去掉血水，捞出备用。将莲子和百合一起洗净，莲子去心，百合掰成瓣，备用。将所有的材料一同放入锅中炖煮至排骨完全熟烂。起锅前加入调味料及枸杞即可。

对产后抑郁或烦躁不安、心悸心慌、失眠多梦者有很好的改善作用。

● **酸枣仁莲子茶**

食材：干莲子 30 克，酸枣仁 10 克，冰糖 2 大匙。

制作：干莲子泡水 10 分钟，酸枣仁放入棉布袋内备用。将莲子沥干水分后放入锅中，放入酸枣仁后，加入 800 毫升清水，以大火煮沸，再转小火续煮 20 分钟，关火。加入冰糖搅拌至溶化，滤取茶汁即可（莲子亦可食用）。

适用于产后神经衰弱、心悸、烦躁，入眠困难的产妇。

● **玫瑰香附茶**

药材：玫瑰花 5 朵，香附 10 克，冰糖 15 克。

制作：香附放入煮壶，加 600 毫升水煮开，转小火续煮 10 分钟。陶瓷杯以热水烫温，放入玫瑰花，将香附水倒入冲泡，加糖调味即成。

适用于产后郁郁寡欢、胸闷胁痛等产妇。

## 2. 音乐疗法

《琴赋》曰：“导养神气，宣和情志，处穷独而不闷者，莫近于音声也。”认为音乐是作为解除抑郁情绪的最佳的方式。音乐疏导方式如下：古典及轻音乐为主的中外音乐；轻柔、缓和、婉转的音乐；正念古琴音乐；文曲、武曲等不同音乐方式。音乐已成为在产后抑郁调摄的主流之一。

### 3. 头疗

引导产妇短时间内放松肢体，进行腹式呼吸，深吸气并将其缓慢地传送到丹田，使腹部自然地起伏，呼气时慢慢吐出气息，使身体的气机调整到最佳状态。然后，推拿过程中根据中医基础五行音乐理论播放宫调音乐（《梅花三弄》《秋湖月夜》）或徽调音乐（《汉宫秋月》《花好月圆》）以健脾养心，滋养气血。

整套头部推拿分为 7 个步骤，包括开天门、推坎宫、按揉太阳穴、揉百会穴、揉风池穴、按压安眠穴、揉廉泉穴、按承浆穴。建议由专业推拿科医生进行操作，操作流程中每个步骤重复 30～50 次，重复整个操作流程 2 次，持续 30 分钟。

### 4. 艾灸治疗

艾灸治疗通过用艾条刺激特定穴位来调理气血、平衡阴阳，有以下常用的穴位。

**百会穴（位于头顶中央）：**有调神安神，清头散风、开窍醒神、升阳固脱等功效。

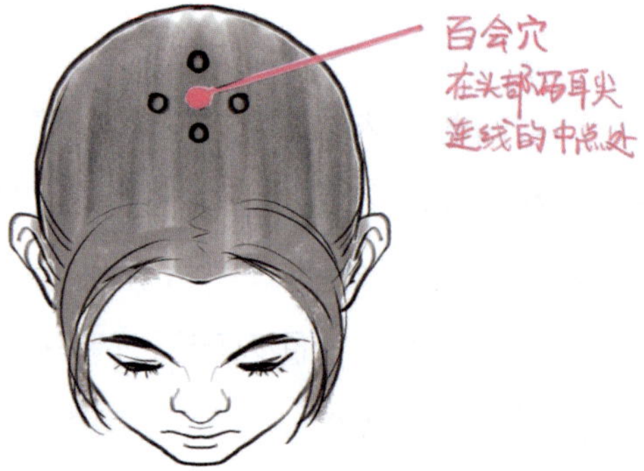


**内关穴（位于前臂内侧中间，腕横纹上 2 寸）：**有镇静安神、调养心气、宽胸理气作用。

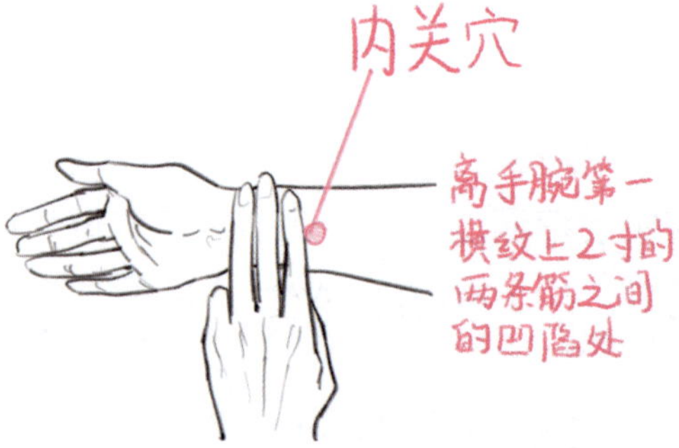

**三阴交穴（位于小腿内侧，足内踝尖上 3 寸）：**有健脾理血，益肾平肝的功效。

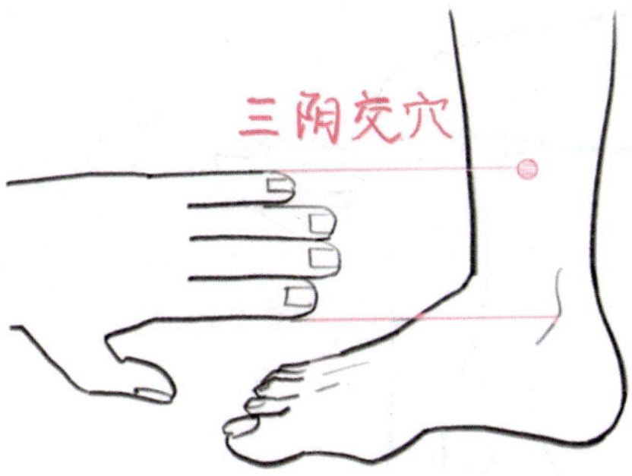


**太冲穴（位于足背，第 1、第 2 跖骨间，跖骨结合部前方凹陷中）：**有调畅气机的作用。

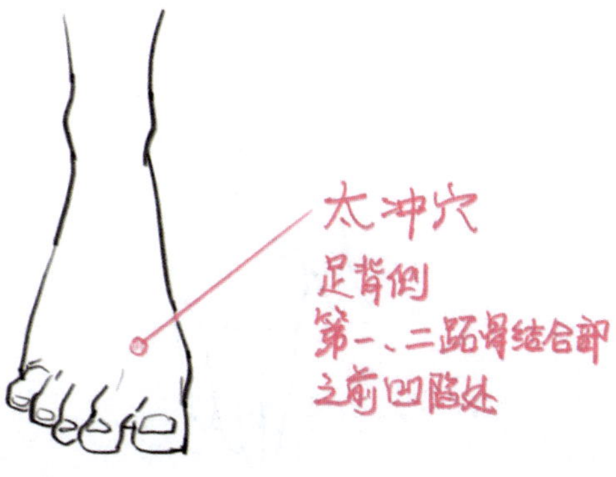

足三里穴（位于在小腿前外侧，当膝眼下 3 寸，距胫骨前缘一横指）：有调动气血，扶正祛邪的作用。

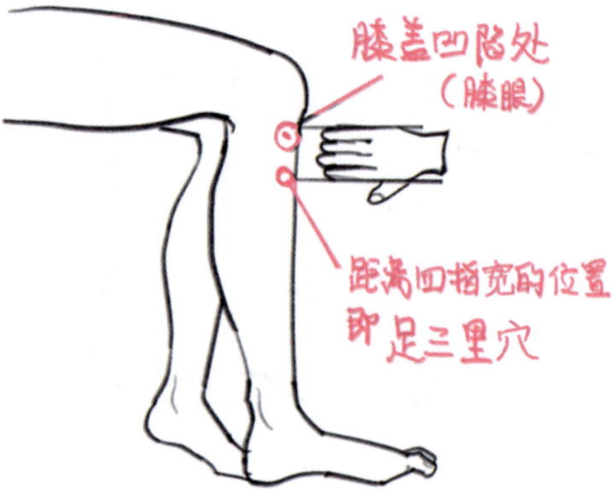


神门穴（位于腕掌侧横纹尺侧端，尺侧腕屈肌腱的桡侧凹陷处）：有养心安神、补益心气的作用。

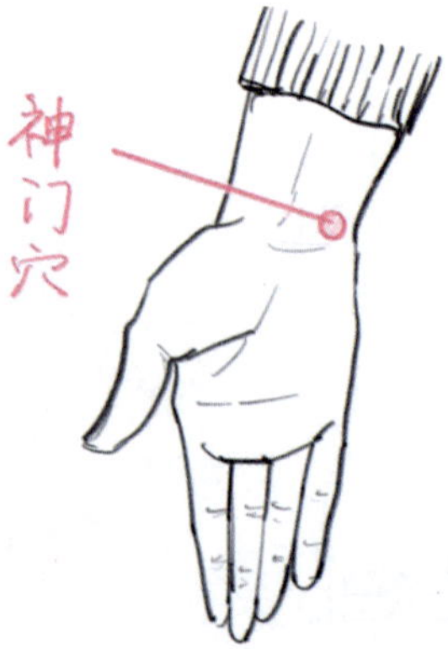

### 5. 其他疗法

**中药熏蒸：**可以请专业的中医医师开具对症的中药方剂，通过中药煎煮后产生的蒸汽熏蒸身体，达到调理气血、舒缓情绪的效果。

**中药泡脚：**根据个人的体质状态由专业的中医医师开具方剂，将中药煎煮后，用药液泡脚，具有舒缓神经、调节情绪的作用。

# 产后持续支持

产后抑郁的恢复可能需要数月甚至更久，爸爸的稳定支持是新妈妈康复的重要支柱。不要强迫新妈妈立刻恢复“正常”生活节奏，也不要强迫她做自己不喜欢的事情。伴侣需要继续给予新妈妈情感上的支持和实际帮助。

## 1. 主动分担育儿任务

帮助照顾新生儿，学习换纸尿裤、拍嗝、哄睡等技能，让新妈妈有时间休息和恢复，最好能让新妈妈每天有 2～3 个小时的连续睡眠。

## 2. 多鼓励和肯定妈妈的付出

表扬她的努力和不容易，比如“亲爱的，我看到你喂奶时特别耐心，宝宝真幸运有你这样的好妈妈”。避免那些“别人生孩子也这样，你怎么这么矫情”的伤害性言语。

### 3. 做共情达人

“亲爱的，我看见你涨奶很难受，我也特别心疼，我能做点什么让你舒服一些吗？”“我会一直陪在你身边，我们一起度过情绪低落的时期”，给足新妈妈安稳感。鼓励新妈妈加入新手父母社群，保持社会交流，减少新妈妈的孤独感。

注意观察新妈妈是否有抑郁加重的迹象，如有必要，鼓励她、陪伴她寻求专业帮助。预防产后抑郁的发生非常重要，可以通过孕前有计划地怀孕，孕期做好分娩应对准备，提前学习分娩知识和降痛技能，有分娩策略，提前做好心理、身体的护理计划与充分的家庭支持计划分工，提供情感上的关怀，产后鼓励家庭成员共同参与育儿，增强母亲在社会支持网络中的位置；参加孕期和产后心理健康教育，帮助产妇识别抑郁症状，提高她们对心理健康的认识；保持良好的生活方式，为产妇提供充足的休息和睡眠，保持健康的饮食，并进行适度的锻炼；关注产妇的情感需求和生活环境舒适度等措施，帮助她们平稳地适应母亲的角色。

## 充电一刻

*Charge for a moment*

## 母婴关系与育儿之间的密切联系

当经历完分娩的痛苦，迎来与宝宝的见面。在这个阶段最重要的就是建立良好的母婴关系，让妈妈和宝宝幸福地享受在一起的时光，给宝宝充分的早期依恋，建立良好的安全感，同时让母亲在这份幸福中得到滋养。这时，身为母亲的你满怀幸福感受的同时或许也会有些担忧，“我是否能够照顾好孩子？”“我能不能做一个称职的妈妈？”这类问题会在脑海里浮现。

心理健康的母亲更容易建立良好的母婴关系，促进母婴身心健康。心理健康的母亲通常情绪稳定，能够以积极的态度面对母亲的角色。这样使她们在与婴儿的互动中表现得更加耐心和温柔，乐于回应婴儿的需求，建立起安全的依附关系。再者，当母亲与婴儿建立起深厚的情感联结时，她们会感受到更多的满足感和幸福感。这种良性循环不仅增强了母亲的自信心和自我价值感，还为母亲提供了情感支持，让婴儿在一个更为和谐的环境中成长，从而促进母婴共同成长。

婴儿在早期阶段的发展极其依赖于与照顾者的情感连接。当母亲能够有效管理自己的情绪时，她们更有可能以温暖、关爱的态度回应婴儿的需求。这种积极的互动促进了母婴之间的情感交流，让婴儿感受到被关注和爱护。研究表明，稳定的母婴关系有助于婴儿建立信任感和安全感，这些情感体验是婴儿未来社会交往能力和心理健康的基础。相较于心理健康状况较差的母亲，心理健康的母亲更能敏锐地察觉婴儿的情感需求，及时给予支持和安慰，从而帮助婴儿在探索世界时感到更安全和自信。

心理健康的母亲更有信心和能力应对育儿挑战，促进婴儿的全面发展。心理健康的母亲往往具备更强的情绪稳定性和心理韧性。当面对育儿中的各种挑战，如婴儿哭闹、疾病或行为问题时，心理健康的母亲能够保持冷静，从容应对。这种稳定的情绪状态使她们能够采取合理的应对策略，避免因焦虑或压力影响到对婴儿的照顾。

心理健康的母亲对自己的育儿能力有更高的自信。这种自信使她们更愿意尝试不同的育儿方法和策略，也更能接受他人的建议和帮助。她们能够从经验中学习，迅速调整自己的育儿方式，以应对婴儿不断变化的需求。这种积极主动的态度不仅有助于婴儿在各个方面的成长，还能够营造一个良好的家庭环境，让婴儿感受到安全和关爱。

母亲的心理健康对婴儿的心理健康有直接影响，有助于婴儿情感和社会性的健康发展。当母亲能够有效地处理压力和情绪时，婴儿更有可能学习到如何应对自己的情绪。这种情绪调节能力是婴儿未来社交互动的重要基础。在成长过程中更容易建立友好的人际关系，适应社会环境，表现出较高的自我效能感。同样，心理健康的母亲通常会采用积极的育儿策略，给予婴儿更多的支持和鼓励，促进他们的探索行为。这种支持不仅帮助婴儿增强自信心，还为他们提供了丰富的学习机会，从而有助于提高认知能力和社会交往能力。安全依恋的婴儿在未来的关系中更容易建立信任和亲密感。这种依恋模式将影响他们的成年关系，包括友谊、亲密关系和家庭关系。

心理健康的母亲能够培养婴儿面对挫折的能力，使他们在面对未来挑战时更加适应和坚韧。坚强的心理韧性不仅在学业上有助于他们的成功，也为他们在职场和人际交往中提供了良好的基础。

## Tips

### 经典的心理学实验——静止脸实验

静止脸实验（Still Face Experiment）是一项经典的心理学实验，旨在研究母婴之间的情感互动及其对婴儿心理发展的影响。该实验由心理学家艾德华·阿兹卡夫于20世纪70年代首次提出。

实验过程一般包括三个阶段。首先，母亲与婴儿进行自然的互动，微笑、说话和做出面部表情，婴儿在这个过程中表现出高兴和参与感。接下来，研究者要求母亲突然停止所有的面部表情，保持“静止

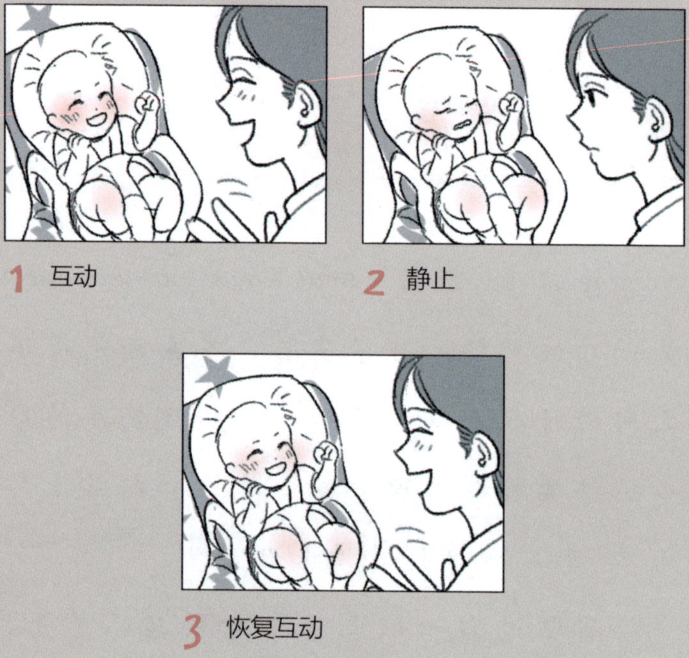


静止脸实验

脸”，不再与婴儿互动。这一阶段通常会持续几分钟。在这一阶段，婴儿试图通过各种方式引起母亲的注意，如微笑、发出声音和触碰，但母亲始终保持面无表情。最后，母亲恢复正常的互动。

实验结果显示，婴儿在面对母亲的“静止脸”时，会表现出明显的焦虑和困惑，甚至出现哭泣。这一实验揭示了早期情感互动的重要性，表明婴儿对母亲情感反应的敏感性，以及这种互动对他们情感和社会性发展的影响。

手机扫一扫，观看科普小短剧。

《产后情绪问题》

Chapter 5

# 贪睡孕妈
# 变多梦“睡渣”

凌晨2点，梅雅丽从梦中醒来，有些恍惚。在梦里，梅雅丽在一片果园中，闻到很香很香的苹果味，正想采一个，却发现有雾气起来，果树渐渐看不见了。一着急，梅雅丽从梦中惊醒，慢慢缓过神，梅雅丽回想起白天看到的一些网页上关于胎梦的内容，心想，这可能是个胎梦吧，是说孩子怎么了吗？梅雅丽从枕边拿起手机，开始查找相关内容。越看越着急，越看越焦虑，转眼，听到了窗外的鸟叫声，梅雅丽才发现，原来已经四点半了。类似的情况持续了近一周，梅雅丽每天都会在凌晨醒来，在失眠中度过漫漫长夜。

医生，我刚怀孕时一沾枕头就睡，最近晚上却一直在做各种各样的梦，惊醒以后就不容易睡，常常要到凌晨才能再睡着。这对孩子会不会有什么影响啊？

你自己感觉怎么样呢？

我目前身体上没什么感觉，但是听说孩子的一些状态会通过梦传递给妈妈，所以每次梦里面醒来我也会想是不是孩子有什么问题，会不会遇到什么意外？

看起来，梦给你带来困扰，引起了焦虑和担心，从而导致出现了睡眠方面的困难。

是的，医生，有什么好办法吗？

# 失眠多梦的真相揭秘

## 1. 孕期失眠多梦

梦的产生是一个复杂的生理和心理过程，大多数的梦境发生在睡眠的快速眼动阶段（REM）。在快速眼动阶段，大脑自发产生的随机神经活动被激活。大脑试图解释这些随机信号，从而产生梦境。梦帮助我们处理和整合白天经历和记忆，帮助我们巩固记忆，解决复杂问题，或者处理情绪。

在白天因为要面对更多的事情，在清醒的过程中，遇到的情绪波动会有可能被忽略或者压抑，但是到了夜间，特别是在睡梦中，就会更清晰，再加上孕期的激素水平变化比较明显，就可能会产生更多的睡眠问题。

通过学习和了解孕期睡眠的特点，正确地看待孕期睡眠遇到的困难，来帮助自己缓解焦虑。也有许多方法和技术，可以帮助改善睡眠中的困难。如果遇到长时间无法调节或者影响正常生活的话，就需要咨询专业的医疗人员进行评估和治疗。

孕期不同阶段影响睡眠的因素也是不同的：

✓ **孕早期：**情绪常常受到激素水平急速变化的影响，身体还不太适应怀孕状态，导致食欲和心情都比较低落，生活即将要发生变化，所以有时候也可能想法比较多，甚至会出现一些奇怪的梦境，所以会出现孕期失眠的情况。同时，由于在孕早期，身体所分泌的黄体酮激素将会上升，让孕妈妈可以适应身体突如其来的变化。黄体酮会影响人的中枢神经，常常让人有想睡觉的感觉。

✓ **孕中期：**身体情况渐渐稳定下来了，但是这个时候肚子开始隆起，体重也开始上涨，身体慢慢变得笨拙起来了。有时会出现腰痛，偶尔还会出现假性宫缩，感觉肚子微微疼痛。不管是胎儿还是孕妇，都进入体重猛涨期，有些食物摄入量少的孕妇，半夜还会饿；而且逐渐频繁胎动，很多孕妈妈还不太适应，甚至经常被宝宝踢醒，这些情况都会导致睡眠困扰。

✓ **孕晚期：** 身体越来越沉重笨拙，行动愈发不便，甚至夜里翻个身都像完成一项重大动作似的。并且，随着宝宝发育越来越完善，力气也越来越大，胎动越来越明显。随着孕期的推进，越到后期越会产生越多担心、焦虑的情绪，比如害怕生产，一时间难以适应妈妈这个身份，睡眠浅，易醒、夜间抽筋等，所以这些情况也会导致睡眠出现困难。

## 2. 失眠的症状表现

失眠是孕期最常见的睡眠障碍，它可能由多种因素引起，包括身体疾病、生理变化、心理精神因素、药物或其他物质的使用等。

失眠的症状可能包括入睡困难、睡眠浅、频繁醒来、早醒、噩梦、白天疲劳或注意力不集中等。

入睡困难一般指超过 30 分钟未能入睡；睡眠浅一般指睡眠维持困难，夜醒持续时间超过 30 分钟；早醒一般指总睡眠时间缩短，比预期的起床时间早，通常少于 6 个小时。

失眠的类型可以从中医角度分为肝郁化火、痰热

入睡困难

睡眠浅

早醒

内扰、阴虚火旺、心脾两虚和心胆气虚等，而从时间上分为短暂性失眠、短期性失眠和长期性失眠。

一部分人在孕期也可能出现夜惊、梦魇、磨牙、梦呓等其他睡眠障碍。

如果相关的睡眠问题每周出现大于三次，持续时间较长，一般超过三个月，或者感觉到自己无法调节，影响正常生活的，需咨询专业的医疗人员进行评估和治疗。

Tips

## 睡眠障碍的分类

在国际睡眠障碍第三版（ICSD-3）中，介绍了近100种已经确定的睡眠觉醒障碍，根据疾病的主要临床表现分为七类。分别为失眠障碍、睡眠相关呼吸障碍、中枢嗜睡性疾病、睡眠-觉醒昼夜节律障碍、异态睡眠、睡眠相关运动障碍、其他睡眠障碍。

# 孕期睡眠评估工具箱

在寻求专业帮助之前也可以尝试用量表来对自己的睡眠情况进行评估。

常用的量表包括失眠严重指数量表、匹兹堡睡眠质量指数。

睡眠效率计算方法：

$$睡眠效率=\frac{睡眠时间}{床上时间}\times 100\%$$

如果对自己的睡眠感兴趣，也可以做一些与睡眠类型和睡眠信念有关的量表，比如：清晨型与夜晚型睡眠量表、睡眠信念与态度量表等。

## 匹兹堡睡眠质量指数量表

| 序号 | 项　目 | 评　分 | | | |
|---|---|---|---|---|---|
| | | 0分 | 1分 | 2分 | 3分 |
| 1 | 近1个月，晚上上床睡觉通常在________点 | | | | |
| 2 | 近1个月，从上床到入睡通常需要__分钟 | □< 15分钟 | □16~30分钟 | □31~60分钟 | □> 60分钟 |
| 3 | 近1个月，通常在早上________点起床 | | | | |
| 4 | 近1个月，每夜通常实际睡眠________小时（不等于卧床时间，大致推算卧床多久入睡） | | | | |
| 5 | 近1个月，因下列情况影响睡眠而烦恼 | □< 15分钟 | □16~30分钟 | □31~60分钟 | □> 60分钟 |
| a | 入睡困难（30分钟内不能入睡） | □无 | □< 1次/周 | □1~2次/周 | □> 3次/周 |

（续表）

| 序号 | 项　目 | 评　分 | | | |
|---|---|---|---|---|---|
| | | 0分 | 1分 | 2分 | 3分 |
| b | 夜间易醒或早醒 | □无 | □< 1次/周 | □1~2次/周 | □> 3次/周 |
| c | 夜间去厕所 | □无 | □< 1次/周 | □1~2次/周 | □> 3次/周 |
| d | 呼吸不畅 | □无 | □< 1次/周 | □1~2次/周 | □> 3次/周 |
| e | 咳嗽或鼾声响 | □无 | □< 1次/周 | □1~2次/周 | □> 3次/周 |
| f | 感觉冷 | □无 | □< 1次/周 | □1~2次/周 | □> 3次/周 |
| g | 感觉热 | □无 | □< 1次/周 | □1~2次/周 | □> 3次/周 |
| h | 做噩梦 | □无 | □< 1次/周 | □1~2次/周 | □> 3次/周 |
| i | 疼痛不适 | □无 | □< 1次/周 | □1~2次/周 | □> 3次/周 |

（续表）

| 序号 | 项　目 | 评　分 | | | |
|---|---|---|---|---|---|
| | | 0分 | 1分 | 2分 | 3分 |
| j | 其他影响睡眠的事情<br>如有，请说明 | □无 | □< 1次/周 | □1~次/周 | □> 3次/周 |
| 6 | 近1个月，总的来说，你认为你的睡眠质量 | □很好 | □较好 | □较差 | □很差 |
| 7 | 近1个月，你用药物催眠的情况 | □无 | □< 1次/周 | □1~2次/周 | □> 3次/周 |
| 8 | 近1个月，你常感到困倦吗 | □无 | □< 1次/周 | □1~2次/周 | □> 3次/周 |
| 9 | 近1个月你做事情的精力不足吗 | □没有 | □偶尔有 | □有时有 | □经常有 |

## 匹兹堡睡眠质量指数计分标准

| 成分 | 内容 | 评分 | | | |
|---|---|---|---|---|---|
| | | 0分 | 1分 | 2分 | 3分 |
| A. 睡眠质量 | 条目2和5a | □很好 | □较好 | □较差 | □很差 |
| B. 入睡时间 | 条目2和5a计分累计 | □0分 | □1~2分 | □3~4分 | □5~6分 |
| C. 睡眠时间 | 条目4计分 | □> 7个小时 | □6~7个小时（不含6个小时） | □5~6个小时（含6个小时） | □< 5个小时 |
| D. 睡眠效率 | 以条目1、3、4的应答计算睡眠效率 | □> 85% | □75%~85%（不含75%） | □65%~75%（含75%） | □< 65% |

（续表）

| 成分 | 内　容 | 评　分 | | | |
|---|---|---|---|---|---|
| | | 0分 | 1分 | 2分 | 3分 |
| E. 睡眠障碍 | 条目5b～5i计分累计 | □0分 | □1～9分 | □10～18分 | □19～27分 |
| F. 催眠药物 | 条目7计分 | □无 | □<1次/周 | □1～2次/周 | □≥3次/周 |
| G. 日间功能障碍 | 条目8和9的计分累计 | □0分 | □1～2分 | □3～4分 | □5～6分 |

# 改善睡眠升级包

为了保证良好的睡眠质量，建议孕妈妈首先要养成良好的有规律的睡眠习惯，建立起有利于孕期睡眠的生物钟，即晚上在相同时间睡眠，早晨在相同时间起床。

一般来说，孕妈妈最好每天晚上 10 点前就寝，以睡足 8 ~ 9 个小时；当然，根据不同的需求，每个人的睡眠时间需求量也存在细微的差距。尤其是晚上 11 点到次日凌晨 4 点这段时间，一定要保证最佳的睡眠质量。

除了尽量保持晚上的充足睡眠外，还可以在白天找机会小睡一下。小睡的时间不用太长，30 分钟就足够。白天累的时候，让自己适度小憩，也是补充体力的好方法，午睡时间太长反而会使孕妈妈感觉更累。

针对失眠，中华医学会神经病学分会睡眠障碍学组也给出了相应的干预方法指南，主要包括药物治疗、心理治疗、物理治疗和中医药治疗等。

### 1. 药物治疗

药物治疗失眠的短期疗效已经被临床试验所证实，但是长期应用仍需承担药物不良反应、成瘾性等潜在风险，且如果是孕妇用药需要得到医生的确认。

### 2. 心理治疗

心理治疗主要包括睡眠卫生教育和失眠认知行为治疗（CBT-I）。应强调睡眠卫生教育的重要性，在建立良好睡眠卫生习惯的基础上，开展其他治疗手段。CBT-I 能够有效纠正失眠患者错误的睡眠认知与不恰当的行为因素，有利于消除心理及生理性高觉醒，增强入睡驱动力，重建正确的睡眠觉醒认知模式，持续改善失眠患者的临床症状。

在 CBT-I 的任务环节中比较常见的有睡眠日记、睡眠限制。睡眠日记是记录每天的睡眠相关信息的一种方法，可以帮助你更好地了解自己的睡眠质量和作息习惯。在医院进行相关治疗时，睡眠日记也可以帮

姓名：________

# 睡眠日记

● 熄灯或躺在床上试图睡着　|——| 睡着的时段（包含午睡及打盹）　○ 开灯或起床　|------| 半梦半醒

C 饮用含咖啡因的饮料（咖啡、汽水或茶）　A 饮酒　M 服用药物　E 运动　S 感觉很困

日期 星期　前一天晚上　午夜　今天早上　中午　下午

6 7 8 9 10 11 12 1 2 3 4 5 6 7 8 9 10 11 12 1 2 3 4 5 6

药物（名称/量）　睡眠品质 1-2-3-4-5 很差……很好　白天精神 1-2-3-4-5 很差……很好　备注

范 例

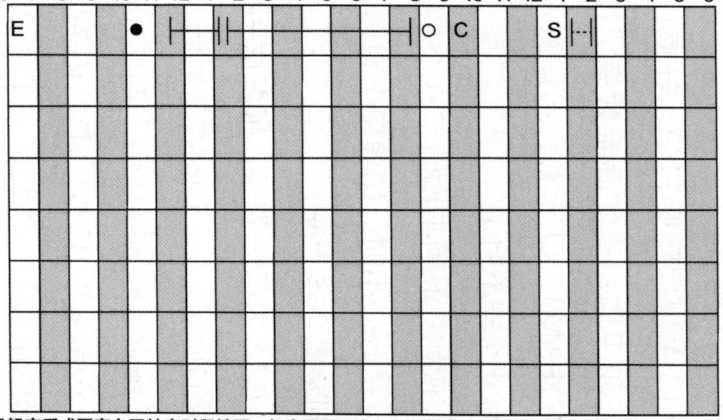


| 药物（名称/量） | 睡眠品质 | 白天精神 | 备注 |
| --- | --- | --- | --- |
| | 3 | 4 | |

请于每日起床后或固定白天特定时段填写，如有需要可自行加入其他的符号。

助医生了解和评估记录者的睡眠质量。

睡眠限制即限制失眠者躺在床上的时间，使其在床上的时间和真正睡着的时间逐渐达到平衡，形成“床 = 睡眠”的良性反射，从而提高睡眠效率。

睡眠限制的具体操作：

（1）记录一周的睡眠日记，即在几点上床，几点睡着，几点醒来。

（2）根据睡眠日记，计算出这一周平均睡眠总时长和平均每晚的睡眠效率。根据睡眠总时长来设定在床时间，以及需要固定起床时间（最低在床时间为 4 个半小时）。

例如：上周平均睡了 6 个小时，那么本周在床时间就是 6 个小时，如果早上习惯 6 点起床，那么应该做到凌晨 0 点上床。

（3）执行一周后，根据这一周睡眠日记，来计算本周的睡眠效率，调整在床时间。

睡眠效率维持 90%，增加 15～20 分钟卧床时间；睡眠效率低于 85%，减少 15～20 分钟卧床时间；睡眠效率在 85%～90%，保持卧床时间不变。

除了晚上的躺床时间外，白天可以在 13～14 点午睡 15～20 分钟，其他时间必须保持清醒。

（4）持续使用以上方法调整上床和起床时间，直到找到最合适自己的卧床时间和最佳效率，以巩固睡眠节律。

一般第一个适应期为21天，刚开始的一周会非常疲劳，第二周会有所改善，到第三周便会习惯这种作息规律。

### 3. 放松训练和冥想

放松训练和冥想也能帮助睡眠，放松训练是指身体和精神由紧张状态朝向松弛状态的过程，让身心得到放松、变得舒缓。常见的放松训练有：腹式呼吸放松训练，肌肉放松训练、意向放松法。正念冥想作为一种自我调节练习，已经有充分的证据表明正念对于治疗失眠和睡眠障碍的作用，也有助于提高对失眠症状时出现的精神和身体状态的察觉，保持这种察觉的姿态可以让睡眠相关的觉醒消退，让正常的睡眠模式重新出现。

### 4. 物理治疗

近年来物理治疗如光照疗法、经颅电刺激（TES）、经颅磁刺激（TMS）、经颅电磁联合刺激、生物反馈治疗等在失眠治疗中被广泛应用，饮食疗法、芳香疗法、按摩、顺势疗法等，可作为选择的补充治疗方式，但在怀孕期间采用这些干预手段需要与相关医生进行确认。

## Tips

如何把握孕期睡眠姿势？

孕期睡眠姿势总体来说是怎么舒服怎么睡，但是也有其禁忌和规律，比如说，趴睡在孕期是禁止的，采取趴卧姿势，会压迫主动脉，影响胎儿对氧气和血液的需要，压迫胎儿。除此之外，在各阶段，睡眠姿势以孕妇舒适为主，推荐左侧卧位。

✓ 孕早期（1～3个月）：胎儿在子宫内发育仍居在母体盆腔内，外力直接压迫或自身压迫都不会很重，因此孕妇的睡眠姿势可随意，主要是采取舒适的体位，如仰卧位、侧卧位均可。

✓ 孕中期（4～7个月）：在此期间，应注意保护腹部，避免外力的直接作用。如果孕妇羊水过多或双胎妊娠，就要采取侧卧位睡姿，这可以让孕妇舒服些，其他的睡姿会产生压迫。如果孕妇感觉下肢沉重，可采取仰卧位，但要用松软的枕头稍抬高下肢。

✓ 孕晚期（8～10个月）：此时期的卧位尤为重要。孕妇的卧位对自身的健康与胎儿的安危都有重要关系。宜采取左侧卧位，此种卧位可纠正增大子宫的右旋，能减轻子宫对腹主动脉和髂动脉的压迫，改善血液循环，维持正常子宫动脉的血流量，保证胎盘的血液供给，给胎儿提供生长发育所需的营养物质。

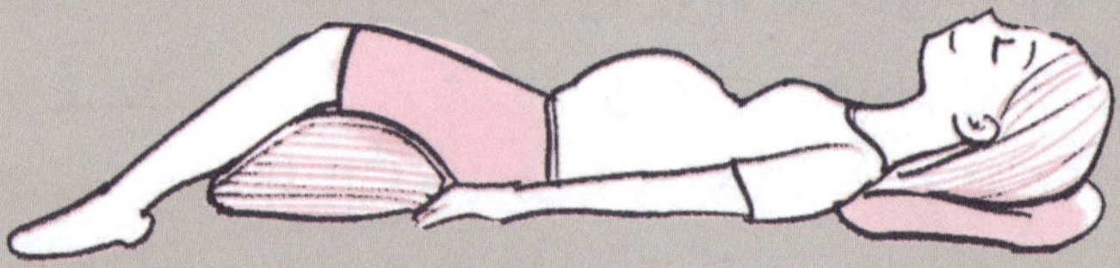

仰卧位

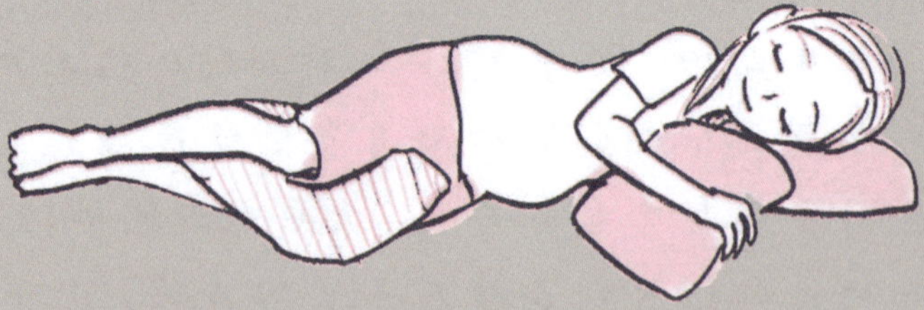

侧卧位

# 中医助眠“饮食”之道

失眠属中医“不寐”范畴，早在春秋时期的《灵枢·口问》道:“卫气昼日行于阳，夜半则行于阴，阴者主夜，夜者主卧。”卫气的循行出入失序，致气血阴阳失调，脏腑功能紊乱、致使扰动神明，神不安舍，则不能寐。若阴阳调和，阳能入阴，神安魂宁，方能拥有优质的睡眠。失眠多由情志所伤、劳逸失度、久病体虚、五志过极、饮食不节等引起，是阴阳失交、阳不入阴导致的。妊娠期女性阴血聚集胞宫滋养胎儿，阳气偏亢，阴阳偏颇更易发生失眠。

妊娠期间引起失眠的中医病机主要包括：心脾两虚、阴虚火旺、肝郁气滞。

✓ **心脾两虚：**心主血脉，心藏神；脾为后天之本，气血生化之源，脾主运化。妊娠期间饮食不足，营血亏虚；思虑过多，暗耗气血，导致心失所养，心神不安而神疲乏力，夜寐多梦，入睡困难。

✓ **阴虚火旺：**肾为先天之本，肾藏精，主生殖，肾主水。肾气亏虚易引起胎动不安，肾水亏虚，阴不制阳，心阳独亢，水火不济，心肾不交，故心烦不寐，心悸不安；头晕耳鸣、腰膝酸软。

✓ **肝郁气滞：**肝主疏泄，情志不遂，肝气郁结，郁而化火，扰动心神，故见急躁易怒，情绪抑郁、低落，不寐多梦，头晕目胀，目干口苦等症状。

中医疗法具体如下。

## 1. 穴位敷贴

取石菖蒲、夜交藤、吴茱萸，按照 1∶1∶1 的比例混合均匀，每次 5 克，使用醋将上述的中药调制成糊状，然后均分成 3 等份，将其涂抹在 5 厘米 ×5 厘米大小的医用胶布上，贴在妊娠失眠患者神阙穴和左右涌泉穴上。

## 2. 耳穴按压

选取心、肾、胃、神门等耳穴，先对穴位进行无菌操作，然后贴上王不留行籽，使用大拇指和食指的指腹按压刺激穴位，以患者感觉出现局部发热、发麻和酸胀痛感为宜。每日 4 ~ 6 次按压，每个穴位按压约 5 分钟。

## 3. 五行音乐疗法

采用五行音乐中的角调、徵调和宫调，孕妇每日早晚各听 1 次，每次每调各听 10 分钟，共 30 分钟。

## 4. 佩戴安神香囊

中药香囊可选取柏子仁、玫瑰花、白芷、远志、陈皮、合欢花、夜交藤等药材适量，打成粉装入香囊中，放置枕边，或挂在床头，以安神助眠。

## 5. 药膳调理

- **安神助眠茶**

药材：百合 6 克，茯神 6 克，夜交藤 6 克，合欢花 6 克，陈皮 6 克，酸枣仁 9 克。

做法：上方加水煎煮至 200 毫升，每次服用 100 毫升，1 天 2 次。每天下午及晚餐后饮用。

功效：适用于阴虚阳亢型失眠，注意睡前不要饮水过多。

● **安睡茶**

药材：灯心草 10～20 克。

做法：将灯心草洗净放入锅内，加水煎煮取汁作为茶饮，温服。

功效：适用于水亏火旺型失眠。《药品化义》记载灯心草治疗“淋闭水肿、小便不利、暑热便浊、小儿夜啼”，但本茶饮对下焦虚寒小便不禁者慎用。

● **五味桑葚饮**

药材：桑葚 15 克，槐花 9 克，玄参 15 克，淡竹叶 6 克，五味子 9 克。

做法：将五味子和玄参用开水浸泡半小时；桑葚榨汁储于冰箱待用。将槐花和淡竹叶浸入开水中，待水温降到 50～60℃时，将浸泡后五味子和玄参，以及冰箱内的桑葚汁拿出来加入，即可饮用。

功效：可清心安神、清热凉血。

● **莲藕猪骨汤**

食材：莲藕 3 节，猪脊骨 300 克，花生 50 克，佛手 9 克，精盐、胡椒粉适量。

做法：莲藕去皮，洗净切块，放入清水中浸泡；花生洗净；猪脊骨斩块，放入沸水中焯去血水和异味，捞起沥干。砂锅中加适量清水，放入所有食材，加盖大火煮沸一个小时后，加入佛手，改小火煲半个小时，最后开盖加盐、胡椒粉适量调味即成。

功效：疏肝理气、泻火安神。

● **玫瑰花烤羊心**

食材：新玫瑰花 50 克，羊心 50 克，食盐 50 克。

做法：将鲜玫瑰花（或干品 15 克）放入小不锈钢

锅内，加入食盐，煎煮10分钟，待冷备用。将羊心洗净，切成长5厘米、宽3厘米、厚1厘米的小块，穿在烤签上，边烤边蘸玫瑰盐水，反复在明火上烤炙，烤熟即可食用。

功效：具有养心、安神、解郁功效，适用于心血亏虚，惊悸失眠患者。

### ● 柏子仁炖猪心

食材：柏子仁15克，猪心1具。

做法：将猪心洗净，用刀剖开，将柏子仁放入猪心内，入砂锅，加水适量，以猪心透烂为度。食猪心，喝汤。

功效：具有养心安神，补血润肠的功效。适用于心血虚、心阴虚引起的心悸怔忡，失眠多梦。

## Tips

### 孕期失眠能服用药物吗？

如果非药物治疗效果不佳，且睡眠障碍严重影响孕妇的日常生活和健康，可咨询医生，在医生指导下使用药物。对于妊娠期用药，需从最小剂量开始，并仅在需要时使用。如果症状较重，妊娠期可以考虑使用的助眠药有唑吡坦和阿普唑仑，具体剂量需要专业的心理科或精神科医生指导。另外，国外有些指南会建议使用抗组胺类药物，如苯海拉明，但在国内基本不太使用。

值得注意的是，失眠有时不仅是单纯的失眠，可能会伴随焦虑、抑郁及恐惧等情绪，或由焦虑症或抑郁症导致，这时使用抗抑郁药会是更佳选择。当然，每位孕产妇的情况不同，治疗方案需根据个体的健康状况、孕期进程和具体的睡眠问题而定。医生会综合考虑孕妇的身体状况、胎儿的健康和潜在风险，制订合适的治疗策略。

# 来自准爸爸的安睡定心丸

孕期睡眠受到多种因素的影响，除了前文所述的部分调试方法外，准爸爸可以从小事中传递关爱，帮助孕妈妈改善孕期睡眠质量。

## 1. 调整睡眠环境，减少干扰

卧室舒适度保持房间温度在 18～22℃，或者孕妈妈觉得舒适的温度。使用遮光窗帘减少光线对睡眠的干扰。当外界有噪音时，可尝试使用白噪音或播放舒缓的音乐掩盖外界杂音。提前准备好床边必需品，如温水、小零食、防吐袋等，减少孕妈妈夜间起床次数，减少夜间干扰。

## 2. 悉心陪伴，增加安全感

睡前陪伴孕妈妈聊天或播放胎教故事，转移她对失眠的注意力。若夜间醒来，及时安抚，避免让她独自焦虑。注意多陪同妻子参加产前课程，学习孕期和分娩知识，减少焦虑、恐惧。

通过这些细节上的关怀，不仅能改善她的睡眠质量，也能增强她对孕期挑战的信心和安全感。

# 充电一刻

*Charge for a moment*

## 从女孩到妈妈的自我实现与幸福感

### 1. 自我认同与角色适应

（1）角色转变

从女孩到母亲的角色转变需要心理适应，良好的心理健康有助于孕妇顺利适应新角色。孕妇在转变为母亲的过程中，既要面临焦虑、恐惧、期待等巨大的情感波动和需求的变化，又要重新审视和调整自己的生活目标和优先事项，还要适应母亲身份及功能的转变及家庭结构的调整。良好的心理状态能够促进这一变化过程，使孕妇能够更加清晰地认识到母亲角色的重要性以及相应的责任，从而增强她们的自我效能感。

（2）自我实现

在孕期和育儿过程中，心理健康的母亲更容易找到自我价值和实现感。这不仅对她们个人的幸福感有显著提升，也对整个家庭的和谐产生积极影响。在孕期能够坦然的接受身体和心理的变化，积极面对怀孕带来的挑战；也可以通过参加孕妇课程、阅读育儿书籍及参与社交活动来丰富自己的知识和经验，全面提升个人的成长和自我实现的机会，感受到育儿的责任和意义，从而增强了自我价值感。在产后当面临育儿中的困难时，能够保持理智，寻找解决方案，不陷入负面情绪。这利于产妇们在日常生活中发现小的成就感，例如孩子的成长和发展，这进一步增强了她们的自我价值感和成就感。当然，孕产妇往往更关注自己的需求与感受，以期能够在育儿和自我之间找到平衡。意识到保持自身的心理健康是能够更好地照顾孩子和家庭的重要前提。在照顾孩子的同时，投入时间于个人兴趣和社交活动，使她们的生活更加充实丰富，从而提升整体幸福感。

### 2. 积极心态与生活满意度

（1）积极心态

心理健康有助于孕产妇保持积极心态，面对生活中的各种挑战和变化，提高对生活的满意度。在怀孕期间孕妇面临着孕吐、体重增加、体型改变等身体的巨大变化，这些变化常常带来不适和焦虑。然而，心理健康的孕妇能够更好地调整自己的思维方式，采用积极的心态来看待这些挑战。能通过冥想、瑜伽或与朋友分享经历等方式来缓解压力，这不仅帮助她们应对身体的不适，也使她们在心理上保持平衡。以积极的态度看待育儿过程中的不确定性和挑战，减少对未知的恐惧感。这种态度促使她们更愿意寻求帮助和支持，与伴侣、家人和朋友进行沟通，从而建立一个更强的支持网络。当孕产妇能够以积极乐观的态度面对生活中的困难时，将更容易找到生活中的小确幸，增强对生活的满意度。

（2）幸福感

自我认同感和生活满意度的提高最终会提升个人的幸福感。自我认同感的提高使孕妇能够更加清晰地认识到自己在家庭和社会中的新角色。成为母亲是一种重要的身份转变，孕妇在这一过程中认识到自己对婴儿的影响及作为母亲的责任感，她们会感到自豪和满足。这种认同感还使她们在日常生活中感受到更多的意义和目的，从而提升幸福感。孕产妇在各个生活领域（如家庭、工作、人际关系等）感到满意时，她们的整体幸福感自然会随之上升。自我认同感和生活满意度的提高不仅促进了孕妇的心理健康，也为她们的幸福感奠定了基础，使她们在孕期和产后的每一天都能更为愉快和满足。

手机扫一扫，观看科普小短剧。

《孕妈妈的睡眠困难》

*Chapter 6*

# 噩梦的分娩，
# 分娩的噩梦

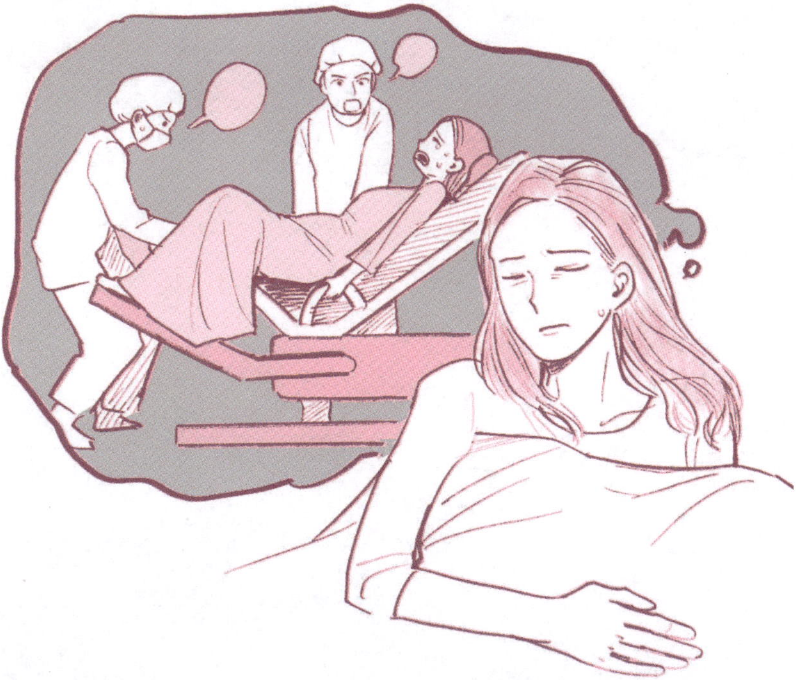

梅雅丽产后出血不止，半小时内出血量达2000余毫升，并出现了休克症状。经过3个小时的抢救，医护人员成功控制了出血并保全了子宫，她最终康复出院。但对于雅丽来说，生孩子算是从鬼门关中走了一趟。她性格都变了，变得很冷淡，不愿主动和人说话，变得敏感，听到有人谈及产后大出血都会回避，关键是晚上多次梦到生产时孩子没了，自己大出血也没了。雅丽妈妈还在庙里烧了香，也不灵，真是个烦心事。

雅丽，你现在这种情况可能患上了分娩后的创伤应激障碍哦！你有噩梦、回避、警觉性增高等症状。

难怪家里人觉得我像变了一个人。

分娩后的创伤应激障碍是一种可能在经历或目睹分娩过程中的创伤性事件后发生的精神障碍，一起来看看如何识别吧！

# 被忽视的“产后创伤”

分娩后的创伤后应激障碍（PTSD）主要特征包括以下几方面：

## 1. 创伤性再体验症状

患者可能会在思维、记忆或梦中反复、不自主地涌现与创伤有关的情境或内容，甚至感觉创伤性事件好像再次发生一样。

## 2. 回避和麻木类症状

患者可能会长期或持续性地极力回避与创伤经历有关的事件或情境，拒绝参加有关的活动，回避创伤的地点或与创伤有关的人或事，有些患者甚至出现选择性遗忘，不能回忆起与创伤有关的事件细节。比如

不愿意去医院，看见影视剧中分娩场景就拒绝或十分抗拒观看。

### 3. 警觉性增高症状

患者可能会表现出过度警觉、惊跳反应增强，可伴有注意力不集中、激惹性增高及焦虑情绪。

### 4. 分离症状

部分患者有明显的分离症状，如人格解体、现实解体。感觉自己从精神或身体脱离的感觉，或感觉

周围的世界有虚幻、梦幻般的不真实感。这些症状在PTSD 中较常见，并且此类患者的损伤、合并症和自杀风险水平更高。

### 5. 其他症状

有些患者还可表现出滥用成瘾物质、攻击性行为、自伤或自杀行为等，这些行为往往是患者心理行为应对方式的表现。同时抑郁也是很多 PTSD 患者常见的伴随症状。

值得注意的是，PTSD 的临床表现多变，患者可能不愿讨论过去的创伤事件，诊断可能较为困难。此外，PTSD 患者经常合并其他精神障碍，如抑郁症、物质使用障碍等。如果出现上述症状并持续一个月以上，建议及时就医，接受专业的心理科或精神科的评估和治疗。

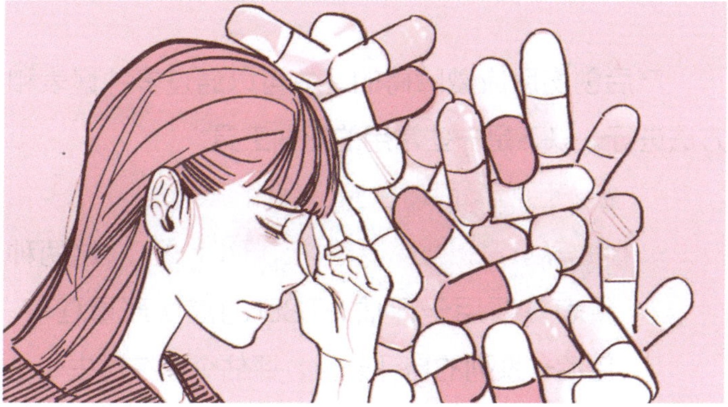

# 产后创伤应激评估工具箱

产后创伤后应激障碍的评估可以通过多种量表和方法进行。以下是一些常用的评估工具。

- ✓ **创伤后应激障碍清单－平民版（PCL-C）和创伤后应激障碍清单－5（PCL-5）**：这两种量表主要用于评估 PTSD 的症状严重程度，包括一系列的自评条目，评估个体在过去一个月内的症状表现。
- ✓ **修订版事件冲击量表（IES-R）**：主要用于评估个体对创伤事件的反应和处理方式，包括对创伤事件的回避和警觉性增高等症状的评估。
- ✓ **创伤后应激障碍症状量表（PSS）（详见附录 2）**：专门评估 PTSD 症状的严重程度，量表条目涵盖了 PTSD 的所有诊断标准。

- ✓ **围产期创伤后应激障碍问卷（PPQ）：**是专门针对围生期妇女设计的评估工具，评估产后妇女可能经历的创伤后应激症状。
- ✓ **城市分娩创伤量表（BiTS）（详见附录2）：**用于评估分娩过程中的创伤体验，包括分娩过程中的疼痛、控制感丧失等方面。

# 如何包扎“看不见的伤口”

分娩后的创伤后应激障碍是一种严重的心理健康问题，通常需要寻求专业的心理治疗。

## 1. 专业帮助

如果焦虑程度高或没有改善，考虑寻求专业人士或同伴的支持。国际产后支助联盟（PSI)可以提供多种支持选项，包括免费通话服务、帮助热线、提供者目录和在线支持小组。

## 2. 心理治疗

包括认知行为疗法（CBT）、暴露疗法和人际关系心理治疗等，已被证实对 PTSD 症状的改善具有重要作用。

（1）认知行为疗法（CBT）

认知行为疗法是一种常见的心理治疗方法，对创伤后应激障碍的治疗效果显著。它通过帮助产妇识别和挑战消极思维模式，以及重新框架对分娩经历的看法，来减轻焦虑和创伤反应。CBT 可以包括以下几个步骤。

- ✓ **识别负性思维：**产妇学习意识到自己在面对分娩回忆时的负面思维。
- ✓ **挑战这些思维：**通过理性的讨论，帮助她们认识到这些思维并不总是基于现实。
- ✓ **替代性的思考：**发展更积极的应对策略，帮助产妇形成新的、更加健康的思维模式。

（2）眼动脱敏与再处理（EMDR）

EMDR 是一种专门设计用于处理创伤经验的治疗方法，需要在专业医生或心理治疗师的指导下进行。治疗师通过引导患者回忆创伤性事件，同时进行眼动练习，帮助她们重新处理这些痛苦的记忆。研究表明，EMDR 对于创伤后应激障碍的患者有显著的有效性，能够帮助她们减轻情绪负担和心理痛苦。

## EMDR 具体方法

| 操作步骤 | 关键词 | 具体做法 |
|---|---|---|
| 识别目标记忆 | 选择创伤记忆 | 帮助产妇识别出 1～2 个最具创伤性的分娩记忆，这些记忆通常与痛苦的情绪、身体反应或负面信念相关 |
| 负性信念和情绪 | 负性信念 | 产妇需要识别与创伤记忆相关的负性信念，例如“我无能为力”“我不够好” |
| | 情绪反应 | 帮助产妇感知并描述与该记忆相关的情绪（如恐惧、羞愧、愤怒等）和身体反应（如紧张、心悸等） |
| 双侧刺激 | 引导双侧刺激 | 使用眼动、触觉（如轻拍手或脚）或听觉（如交替的声音）来进行双侧刺激。治疗师引导产妇在回忆创伤记忆时，进行眼动（通常是左右移动眼睛） |
| | 处理创伤 | 在进行双侧刺激的同时，产妇回忆创伤事件，观察自己的情绪和身体反应 |
| 认知重建 | 重塑信念 | 在双侧刺激后，帮助产妇发展更积极的自我信念，如“我有能力应对困难”“我值得拥有好的体验” |

## 3. 药物治疗

在某些情况下，对于严重的创伤后应激障碍，药物治疗可能是必要的。抗抑郁药和抗焦虑药在专业医生的指导下使用，能够有效缓解焦虑和抑郁症状。药物治疗应结合心理治疗，以确保全面的支持与恢复。

## 4. 自我调整

在你获得专业的治疗之前，也可以尝试先用以下方法进行自我调节。

（1）倾诉与交流

倾诉是释放内心压力的有效方式。通过与专业治疗师或心理咨询师的交流，产妇可以安全地表达自己的恐惧与焦虑。这种专业的倾听与支持可以为产妇提供情绪上的舒缓，让她们感到被理解和接纳。

（2）建立支持系统

社交支持在应对创伤后应激障碍方面起着重要作用。产妇可以通过以下方式建立有效的支持系统。

- ✓ **与家人和朋友沟通：**分享自己的经历和感受，寻求他们的理解和支持。
- ✓ **参与母婴支持小组：**与其他经历相似情况的母亲交流，从中获得情感支持和实用建议。

（3）尝试自我调节

正念冥想能帮助产妇减少对过去创伤的过度反应，增强自我意识。渐进式肌肉放松（PMR）是通过肌肉的紧张和放松过程来带动情绪放松的方法之一，能有效降低身体的紧张感，改善心理状态。通常要放松的肌肉是左右配对，我们可以先做一边，再做另一边。这些技巧可以帮助产妇在面对焦虑时，快速找到缓解的方法。

我们一起试一试吧。

首先，将注意力集中到要练习的肌肉群，比如先集中到手部的肌肉。之后，保持安静和呼吸均匀的状态，均匀地让肌肉的紧张度达到几乎 100%的状态。你也可以通过辅助一些想象来达成这种状态，比如想象手中有一颗柠檬，然后要攥拳，把手里的柠檬完全挤出汁来。注意，这种紧张不能让肌肉痉挛。当肌肉紧张到无法更紧张的时候，清晰感受肌肉的紧张程度，保持 5～7 秒，之后完全放松，观察从紧张到放松的过程。再将注意力集中在放松状态下的肌肉上，保持 20～30 秒，感受肌肉的放松状态，去问自己：我感受到什么？观察紧张之后出现的松弛感受，包括心理上的感受。这个过程可以重复 3～5 次，直到你感觉到肌肉已经比较松弛，无法像第一次那么紧。通常这时候我们的情绪也会相应得到放松。

如果你有时间，可以选择在安静的地方对全身的肌肉都进行放松，但如果在孕期中请避开腹部肌肉。

双手：紧握拳头→放松

双前臂和肱二头肌：抬起前臂向肩膀处靠近→放松

前额：抬高眉毛，拉紧前额肌肉→放松

眼：紧闭双眼，拉紧眼周肌肉→放松

颈：头向后仰，尽力触及背部→放松

咽喉部：张大嘴巴→放松

肩背部：抬高肩膀，拉紧肩胛肌肉→放松

胸：深呼吸拉紧胸部肌肉→放松

腹：收腹拉紧腹部肌肉→放松

臀部：臀部肌肉向中间挤→放松

大腿：双腿前伸→绷紧大腿的肌肉→放松

**小腿：**双腿前伸→脚趾向下压→放松

**双脚：**双腿前伸→把脚趾并拢，脚后跟往前推，脚趾弯曲向下→放松

坚持进行放松练习，并尝试找到你在肌肉放松时的情绪感受，评估放松练习前后的情绪紧张程度，帮助自己找到舒缓的感觉。

（4）身体活动

适度锻炼不仅有助于身体恢复，还能释放内啡肽，这种被称为“快乐激素”的物质，对心理健康有积极影响，有助于改善心理状态，缓解焦虑和抑郁，能改善情绪。如散步、瑜伽或拉伸，能够帮助产妇缓解焦虑并提升情绪。定期锻炼还有助于改善睡眠质量，这是焦虑管理的重要组成部分。

（5）心理教育

了解 PTSD 的症状和治疗方法可以帮助减轻恐惧和不确定性。研究表明，心理教育干预对减轻 PTSD 症状具有积极效果。

# 家人撑起复元保护伞

面对产后创伤后应激障碍的新妈妈，家人的支持和帮助至关重要。

## 1. 为妈妈建立安全与理解的家庭氛围

允许她反复讲述分娩创伤经历，或者提到这段经历就沉默流泪。即使无法完全理解她的痛苦，也要承认她的感受是真实的。避免用“别多想”“都过去了”等语言去否定她的感受。可以说：“我在这里陪你，你想说多久都可以。”

## 2. 温和而耐心的陪伴

在听其倾诉的过程中，不要追问创伤细节（除非她主动倾诉），不与其他人的分娩经历作比较，避免造成二次精神伤害。如果她因医院气味、场景、婴儿哭声等原因触发了创伤体验，感到恐慌，可以陪伴她用文中的方法进行深呼吸或转移注意力，不要强迫她“克服”恐惧感。

康复的过程可能是漫长的，家人避免催促“你快点好起来”，尊重她的节奏。

### 3. 陪同就医，参与专业治疗

协助妈妈整理症状记录（如噩梦频率、情绪波动时间），陪同就诊并帮助与医生沟通；提醒她按时服药，观察是否出现不良反应；鼓励她按时参与心理治疗，并主动关心治疗进展和感受。

作为爱人，自己也可多学习相关知识，了解症状（如闪回、过度警觉、情感麻木等）和触发因素。在治疗师的允许下参与家庭治疗，学习如何避免无意中触发创伤，减轻她的创伤反应。

这里也要注意，虽然家人需要给予妈妈最大的保护和恢复空间，但是避免粗暴剥夺她的育儿参与权，可以在医生指导下平衡好休息与亲子联结。相信在家人的共同努力下，阳光会照进伤痕的缝隙，长出血肉，恢复健康。

# 充电一刻

*Charge for a moment*

## 不同阶段的心理体验

在孕产期的不同阶段，女性的不同心理健康状况表现呈现出鲜明的特点。一起来看看都有哪些吧。

### 1. 孕早期

期待怀孕，害怕不孕的担忧。一旦怀孕了，喜悦之余会伴随一丝不安和焦躁。如果是非意愿怀孕（未婚先孕，无计划的意外怀孕）会有惊慌和害怕，担心对工作、学习、家庭生活有影响。

对胎儿的过分担心。胎儿是否正常发育？特别是在不知道怀孕的情况下服过药，孩子要不要？生男生女之间的纠结。

### 2. 孕中期

依赖性强，总是把自己放在被照顾的地位，忽略其他的一切。

对各种产检结果的担忧。

### 3. 孕晚期

孕晚期是焦虑、抑郁的高发阶段，有时候会有莫名的冲动和奇怪的想法难以自控，也为产后抑郁埋下了种子。表现在担忧心理（对新生命健康和养育的担忧）和分娩恐惧心理。

手机扫一扫，观看科普小短剧。

《产程中的心理准备》

*Chapter 7*

# 情绪的冰与火之歌

在一个温暖的春日，赵玉珍发现自己怀孕了。本该是一个喜悦的消息，但对于赵玉珍来说，却带来了复杂的情感。她患有双相情感障碍，多年来一直在与情绪的起伏做斗争。怀孕的消息让她感到一丝不安。她担心自己的病情会因为孕期激素的变化而复发，影响自己和宝宝的健康。果不其然，随着孕期推进，赵玉珍的情绪开始变得不稳定。她时而感到兴奋话多，睡眠减少，精力充沛，计划多，时而又陷入深深的抑郁，感到绝望和无助，全身乏力。她的丈夫注意到了妻子的变化，便带她一起去医院，寻求专业医生的帮助。

赵玉珍，你目前存在兴奋话多、睡眠减少、精力充沛等的躁狂表现，也有无望、无助及无力等的抑郁表现，结合你得过双相情感障碍的情况，综合考虑你目前为双相情感障碍复发期。

哎，还是没躲过这一劫，我会配合治疗的。

# 看懂孕期情绪过山车

双相情感障碍是心境障碍的一种常见类型。病程中既有抑郁发作，又有躁狂发作或轻躁狂状态的心境障碍，临床表现比较复杂。躁狂 / 轻躁狂是双相情感障碍的两个核心特征，抑郁发作通常会与躁狂发作交替出现。

以下是双相情感障碍的表现。

## 1. 识别躁狂 / 轻躁狂的症状

✓ **情绪高涨：**患者可能感到极度开心、兴奋，甚至有过度自信的感觉。

✓ **精力充沛：**患者可能在没有必要的情况下感到非常精力旺盛，容易激动和冲动。

✓ **睡眠需求减少：**患者可能只需几个小时的睡

眠，就能感到精力充沛。

✓ **话语增多：** 说话速度加快，讲话内容变得跳跃，难以专注。

✓ **冲动行为：** 包括不计后果的消费、性行为或其他高风险活动。

亢奋的情绪和行为可能会导致社交关系和工作生活的显著变化。如果你或你周围的人出现这些症状，可能是双相情感障碍的信号。

### 躁狂及轻躁狂的区别

| | 躁　狂 | 轻躁狂 |
| --- | --- | --- |
| 情绪表现 | 持续的极度兴奋，情绪异常强烈且不稳定，易怒，可能因小事大发雷霆 | 心境持续高涨、精力充沛、自我感觉良好，情绪较为愉悦，虽有易怒，但程度相对较轻 |
| 行为活动 | 活动量显著增加，整日忙碌不停，行为鲁莽，不计后果，如疯狂购物、盲目投资等，社交活动过度，主动与陌生人交往，言语夸张、讲话滔滔不绝 | 活动增多，比平时更积极主动，参与更多社交、工作或学习活动，行为相对有节制，社交表现活跃，健谈，但言语内容相对合理 |

（续表）

| | 躁　狂 | 轻躁狂 |
|---|---|---|
| 思维认知 | 想法快速涌现，甚至出现意念飘忽，难以集中注意力，自我评价极高，常出现夸大观念，如认为自己有特殊能力、过分夸大自身财富或地位 | 思维敏捷，想法丰富，注意力相对集中，自我评价稍高，有一定的自信增强，但无明显夸大 |
| 睡眠需求 | 睡眠时间明显减少，可能好几天不睡觉，但仍精力充沛、不觉得疲惫 | 睡眠需求较平时有所减少，但通常不会严重影响日常生活，仍能保持基本的作息规律 |
| 症状持续时间 | 症状持续至少 1 周，如果症状严重需住院治疗，持续时间则不限 | 症状持续至少 4 天 |
| 社会功能影响 | 社会功能严重受损，工作、学习、社交等方面受到极大干扰，可能导致人际关系破裂、学业中断、工作失职等严重后果 | 对社会功能有一定影响，但通常仍能维持基本的工作、学习和社交，他人可能仅觉得其状态有些异常，但未达到严重影响正常生活的程度 |
| 治疗需求 | 通常需要药物治疗（如心境稳定剂、抗精神病药等）、心理治疗（如认知行为疗法、人际与社会节奏疗法等）相结合的综合治疗方式，甚至可能需住院 | 可根据具体情况，选择心理治疗为主，必要时辅助药物治疗，一般无需住院 |

## 2. 识别抑郁发作的症状

常见症状包括以下几条。了解这些抑郁的症状，可以帮助识别抑郁发作期间的状态。

- ✓ **情绪低落：**感到悲伤、绝望、无助，情绪持续低迷。
- ✓ **失去兴趣：**对曾经感兴趣或喜欢的活动失去兴趣或乐趣。
- ✓ **疲劳感：**感到精力不足，做日常活动的动力减少。
- ✓ **嗜睡或失眠：**改变睡眠模式，可能会导致过度睡眠或失眠。
- ✓ **自责或无价值感：**过度自责，感觉自己无能或没有价值。
- ✓ **思维困难：**集中注意力或做决定的能力减弱。

# 躁郁症的评估工具箱

## 1. 心境障碍问卷

心境障碍问卷（MDQ）是一种自评量表，用于筛查双相障碍患者，评价时限为近一周。评估内容包括 13 项内容，内容包括兴奋、易激惹、睡眠、行为、集中注意力、活动水平和危险行为等。

**评分说明：**1～13 的筛查症状中存在≥7 条，且第 14 条答“是”，即有几条症状同时存在，并且最后一问的严重程度达“中度”或“严重问题”，即为双相障碍筛查阳性，需仔细询问病史以明确患者是否有双相障碍。

## 心境障碍问卷（MDQ）

| 序号 | 问题 | 选择 | |
|---|---|---|---|
| 1 | 你感到非常好或者非常开心，但其他人认为你与平时不一样，或因为特别开心，兴奋而给你带来麻烦？ | ○是 | ○否 |
| 2 | 你特别容易激动，好指责他人，或易斗殴或吵架？ | ○是 | ○否 |
| 3 | 你比平时更充满自信？ | ○是 | ○否 |
| 4 | 睡眠比平时明显减少，但你并不感到缺乏睡眠？ | ○是 | ○否 |
| 5 | 你比平时更健谈或讲话特别快？ | ○是 | ○否 |
| 6 | 你感到思维迅速，想法特别多，或者难以减慢你的思维？ | ○是 | ○否 |
| 7 | 你很容易随境转移，注意力很难集中，或很难专心做一件事？ | ○是 | ○否 |
| 8 | 你比平时更加精力充沛？ | ○是 | ○否 |
| 9 | 你比平时更加积极主动或忙忙碌碌？ | ○是 | ○否 |
| 10 | 你比平时更加乐于社交或外出，例如半夜还在打电话给朋友？ | ○是 | ○否 |
| 11 | 你比平时性兴趣更强烈？ | ○是 | ○否 |
| 12 | 你与平时处事的方式不一样，使得他们感到过分愚蠢，或者太危险？ | ○是 | ○否 |

（续表）

| 序号 | 问　题 | 选　择 |
|---|---|---|
| 13 | 花钱大方给你或家人带来麻烦？ | ○是　○否 |
| 14 | 如果上述答案中有 1 个以上为“是”的话，是否有上述几种情况同时期发生？ | ○是　○否 |
| 15 | 上述这些情况给你造成多大问题，例如工作、家庭、经济或司法问题，争吵或斗殴等？ | ○没有问题<br>○轻度<br>○中度<br>○严重问题 |

## 2. 症状评定量表

双相情感障碍的抑郁症状评估可参考产后抑郁：抑郁症状（如汉密尔顿抑郁量表 HAMD 和蒙哥马利 - 艾森伯格抑郁量表 MADRS），一般建议使用他评量表（即需专业人员评估的量表）。

杨氏躁狂状态评定量表（YMRS）是一种他评量表，评价时限为近一周。

贝克 - 拉范森躁狂量表（BRMS）是一种他评量表，用于评估双相障碍的躁狂性或情感性精神病的躁狂状态成人患者。评价时限为近一周。

32 项轻躁狂症状清单（HCL-32）是一种自评量表，用以评估轻躁狂症状。

那我该怎么办呀？

不必担心，这个疾病可以治疗。一起来看看如何应对双相情感障碍吧！

# 情绪的天平校准法则

### 1. 自我管理及观察

观察自己的情绪变化，记录下何时、何地及什么情况下兴奋感最为强烈。密切关注自己的症状变化，包括兴奋状态的持续时间、频率和强度等。

及时联系你的精神科医生或心理咨询师，向他们报告你的症状变化。

### 2. 松弛训练

练习深呼吸、渐进性肌肉放松等技巧，以缓解紧张感和兴奋状态。

### 3. 保持规律的生活作息

确保充足的睡眠和休息时间，避免熬夜和过度劳累。保持规律的饮食和运动习惯，有助于稳定情绪和身体状态。

### 4. 创造安静的环境

当感到兴奋时，尽量保持周围环境安静，减少刺激源，如嘈杂的声音、闪烁的灯光等。确保自己有一个舒适的休息空间，以便在需要时能够放松身心。

### 5. 疾病管理和支持

双相情感障碍患者需要长期管理和治疗，患者和家属应充分了解疾病，积极配合治疗，帮助她们更好地应对双相情感障碍带来的挑战。社会和家庭的支持对于患者的恢复非常重要，需要给予耐心、鼓励和关爱了解这些症状和疾病管理方法对于早期识别和治疗双相情感障碍至关重要。

### 6. 寻求专业医疗帮助

如果症状持续不缓解或加剧，应及时就医，获得专业医疗帮助。临床治疗通常包括以下几方面。

- ✓ **药物治疗：** 心境稳定剂、抗精神病药、抗抑郁药（需在使用心境稳定剂的基础上）。
- ✓ **物理治疗：** 如经颅磁刺激（TMS）和电抽搐治疗（ECT）。
- ✓ **心理治疗：** 认知行为疗法、家庭治疗、心理教育等。

治疗目标是控制病情、减少复发次数，并帮助患者恢复正常生活和社会功能。

# 双相情感障碍的中医经验方

双相情感障碍是以情绪波动为主要特征的精神疾病，表现为情绪反复摇摆于躁狂和抑郁之间。在中医古籍中，双相情感障碍没有以独立病名形式出现，但根据描述该病属于“郁证”“癫狂”“百合病”等范畴。中医从“枢机”角度入手，借助“枢机”在人体中枢转阴阳、平衡脏腑的功能，调畅枢机开阖，恢复阴平阳秘，调和脏腑关系，稳定双相情绪。具体的中医处理方法有以下几种。

## 1. 针灸联合穴位贴敷治疗

给予穴位敷贴，即将赤芍、当归、地龙、山萸肉、桃仁、黄精等研成粉末后用醋调制成糊状敷贴，每次 6 克，贴敷于患者的双侧肾俞，4 小时 / 次，

1次/天。再给予穴位电针疗法，即让患者行仰卧位，使用一次性针灸针（规格：直径0.16~0.45毫米，长度13~100毫米）常规消毒后对患者的印堂穴、百会穴缓慢进行平刺，并用电子仪，疏密交替波，频率设定为2赫/15赫，印堂穴、百会穴电极连接分别为负、正极，电流强度依据患者的耐受情况，以患者皮肤轻微抖动为最佳，30分钟/次，隔天1次，3次/周。

## 2. 拔罐疗法

对患者背部进行拔罐，背部分别有督脉及膀胱经，通过刺激背俞穴，调脏腑之气；第二侧线分布的魄户穴、神堂穴、魂门穴、意舍穴、志室穴等，调人体五志；以及位于督脉和膀胱经之间的夹脊穴，可以联络调节脏腑气机，疏泄郁滞，调理精神异常。

### 3. 五行音乐疗法

中医五行音乐疗法早在中医经典著作《黄帝内经》提出的“五音疗疾”观点中表明：五音，即角、徵、宫、商、羽，对应五行（木、火、土、金、水），根据其音乐特性与五脏五行的关系选择曲目，以调畅情志，调理脏腑，使得人体气机动态平衡，从而维护人体身心健康。

### 4. 药膳

- **百合知母鸡肉羹**

原料：百合 50 克，知母 10 克，鸡胸脯肉 60 克，淀粉、盐、味精适量。

做法：将鸡胸脯肉切成薄片，拍烂成泥状，再将百合、知母煎汁，取浓汁浇在鸡胸脯肉上，把浇汁鸡肉放油锅中略煸一下加入盐、味精、淀粉、水调成芡汁，略煮呈糊状出锅。

适宜于阴虚内热型患者，主要表现为口干、咽干、厌食、呆坐，问答不理，欲卧不能，欲行不能，自觉寒热交作，舌质红，尤其舌尖，脉细数。

### 二冬二母膏

原料：天冬、麦冬各100克，知母、川贝母各50克，蜂蜜100克。

做法：将天冬、麦冬、知母加水煎汁去渣取汁，川贝母粉碎成末，将川贝母末加入煎汁中，用小火熬炼半小时再加入蜂蜜，继续炼成浓稠状，装瓶冷却置冰箱中，每日早晚各一匙（10克），加水调服。

适用于痰热内扰型患者，表现为精神抑郁，胸部闷塞，咽中有梗塞感，痰热扰心，夜卧不安，心神不定，头痛而胀，心中懊恼，面色潮红，舌苔白腻，脉弦滑。

### 天麻鱼头汤

原料：天麻10克，鳙鱼（胖头鱼）100克。

做法：天麻切成片，鱼头洗净去鳃，加葱、姜、料酒及盐适量，用文火炖40分钟以上，熬成稠厚羹汤食用。

适宜于肝郁伤神型患者，表现为精神抑郁，情绪不宁，常叹息，喜怒无常，头晕，头痛，失眠，多梦，舌质淡，苔薄白，脉弦细。

## 5. 穴位疗法

（1）针刺

选穴原则为疏肝调神、平衡阴阳，可选择督脉、手厥阴、手少阴上的穴位为主穴，因《素问 · 骨空论篇》记载："督脉者……上额交巅，上入络脑"，且"心主神明"，故可以百会穴、印堂穴、人中穴、神门穴、大陵穴、劳宫穴为主穴开窍醒脑，配穴上如兼有食少纳呆可加足三里穴、中脘穴，肝气郁滞加行间穴、肝俞穴，痰火扰神可加内庭穴、曲池穴等。每周 5 次，每次针刺留针分钟，15 天一疗程。

（2）耳穴

取穴包括神门穴、皮质下、交感、心、肝。局部常规消毒后，用镊子将耳穴贴按以上穴位贴好，并进行由轻至重的按压刺激，每日按压 2～3 次，每个穴位按压 30 次。

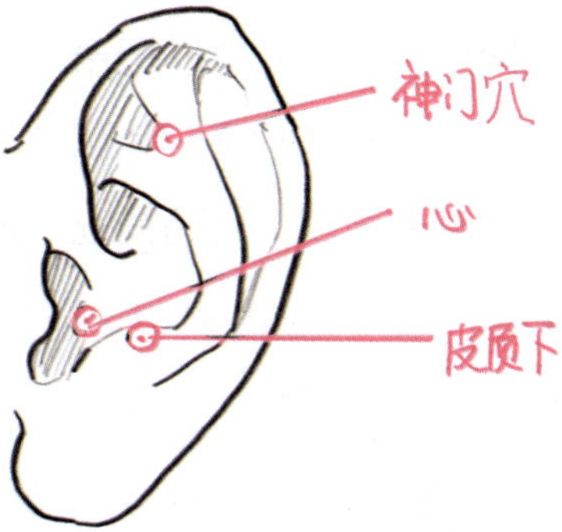

# 来自家人的支持

对于双相情感障碍的怀孕女性，孕期可能面临情绪波动加剧、药物调整风险、复发压力等多重挑战。家人需要从医疗、心理、生活等多维度提供系统化支持。

## 1. 协助规范治疗

定期陪伴孕妈妈复诊精神科和产科，确保医生了解孕期用药情况。协助记录用药反应和情绪变化，主动向医生反馈出现的不良反应。记录孕妇的睡眠时长、情绪状态、食欲、用药情况，发现异常波动立即联系医生。

### 2. 不自行停药或减药

科学认识双相情感障碍患者在孕期也应优先控制精神症状的重要性，因为母亲稳定的情绪状态对胎儿发育同样至关重要。需在医生的指导下权衡孕妈妈的用药风险与疾病复发风险，如突然停药可能诱发躁狂/抑郁发作。

### 3. 预防产后复发高危期

生活中避免孕妈妈的社交过载，防止出现激烈讨论或争吵场景。产后 1 年内是复发高峰，需加强情绪监测。提前与医生制订产后用药预案。

手机扫一扫，观看科普小短剧。

《准妈妈的情绪与宝宝健康》

*Chapter 8*

# 分娩后，她突然神志恍惚

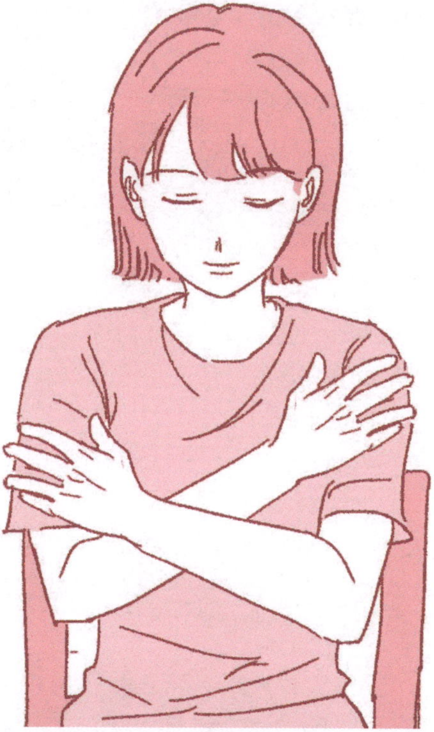

小斯是一位 36 岁的新手妈妈，刚刚生下了她的第一个孩子。尽管初为人母的喜悦洋溢在脸上，但几天后，她的情绪开始变得极其不稳定。一天夜里，当家人们已经入睡时，小斯突然惊醒，感到一阵莫名的恐惧。她觉得自己听到了婴儿的哭声和奇怪的声音，尽管宝宝正在安睡。随着时间的推移，小斯的怪异行为愈演愈烈。小斯坚信有人要对她和孩子不利，并对包括丈夫在内的亲人产生了强烈的不信任感。她拒绝进食，经常对着镜子反复确认自己的身份，甚至计划离家出走以“保护”孩子。家人们发现这些异常后，带她去医院就诊。通过精神科医生对小斯进行了详细的评估，最终诊断为急性短暂性精神障碍（Transient Psychosis）。

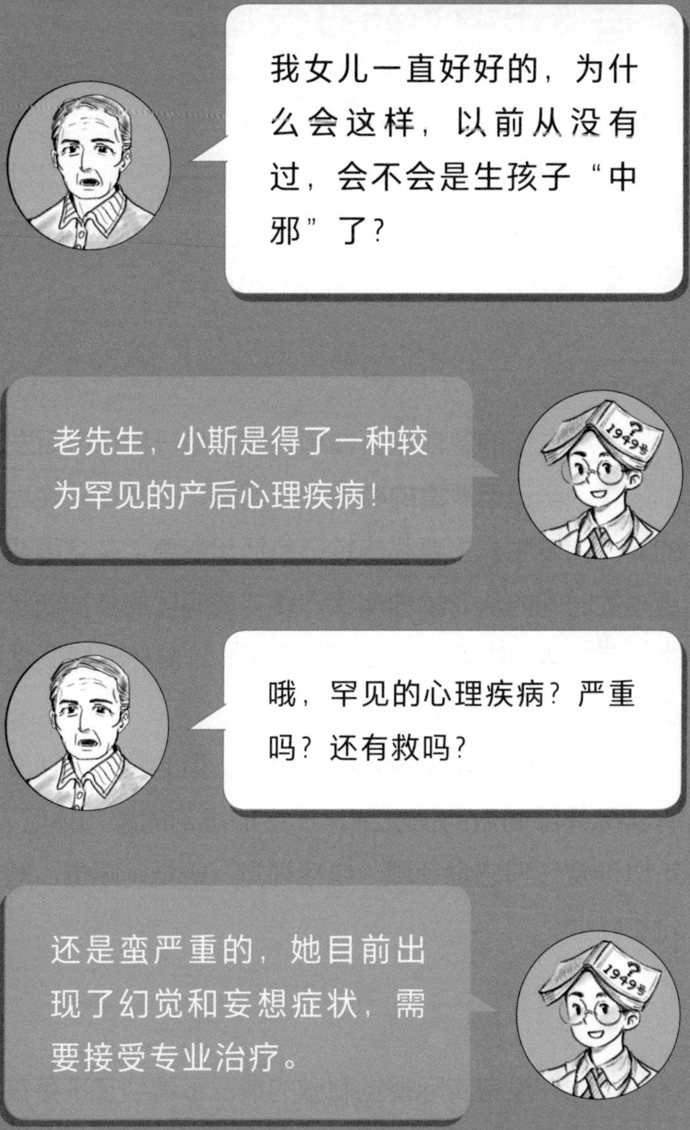

我女儿一直好好的，为什么会这样，以前从没有过，会不会是生孩子“中邪”了？
老先生，小斯是得了一种较为罕见的产后心理疾病！
哦，罕见的心理疾病？严重吗？还有救吗？
还是蛮严重的，她目前出现了幻觉和妄想症状，需要接受专业治疗。

# 产后“中邪”的科学判断

产后发作的急性短暂性精神障碍是一种在产后发生的较为罕见但严重的心理健康问题，通常在分娩后的 4 周内发生。主要临床特征包括起病急，在 2 周或更短的时间内从非精神病状态转变成明显的精神病状态；存在典型的幻觉或妄想综合征；排除躯体器质性疾病及药物或酒精中毒等。

幻觉是一种常见的精神病症状，指的是个体在没有实际外部刺激的情况下，产生的虚幻的感知体验。可以涉及任何感觉领域，包括视觉、听觉、嗅觉、触觉和味觉。

## 1. 视觉幻觉（幻视）

个体在没有实际视觉刺激的情况下看到了不存在

的物体、人物或场景。

例：墙上没有虫子，患者却能看到墙上有虫子爬动，或看到不存在的人在房间里走动等。

### 2. 听觉幻觉（幻听）

个体在没有实际声音刺激的情况下听到了不存在的声音。

例：尽管没有声音或发声源不在，个体却能听到有人在旁边讲话、听到指示性的声音、听到音乐或噪音等。

### 3. 嗅觉幻觉（幻嗅）

个体在没有实际嗅觉刺激的情况下闻到了不存在的气味。

例：尽管没有任何气味，但个体能闻到烧焦的味道、腐烂的气味或花香等。

### 4. 触觉幻觉（幻触）

个体在没有实际触觉刺激的情况下感受到不存在的触觉感受。

例：皮肤未有任何接触，但个体能感觉有虫子在皮肤上爬、感觉被针刺、感觉到温度变化等。

### 5. 味觉幻觉（幻味）

个体在没有实际味觉刺激的情况下尝到了不存在的味道。

例：尽管嘴里没有任何刺激，个体却感觉嘴里有金属味，或苦涩的味道。

### 6. 妄想

这是一种严重的精神病症状，指的是个体在缺乏现实依据和逻辑事实的情况下，坚信某些错误或不合理的观念。这些观念往往是固定的、难以改变的，即使有明确的证据表明其不真实也无法动摇。妄想可以影响个体的思维、情感和行为，使其难以正常生活和与他人互动。

✓ 被害妄想：个体坚信自己受到迫害、监视、跟踪或阴谋的侵害。

例：坚信邻居在密谋毒害自己，认为同事在背后说自己坏话。

✓ 关系妄想：个体坚信外界的事件、言语或行为与自己有关。

例：认为电视新闻报道的是自己；认为别人在公共场合讨论自己的隐私。

- ✓ 夸大妄想（或称为自大妄想）：个体夸大自己的身份、地位、能力或权力。

例：坚信自己是某位历史名人的转世；认为自己有拯救世界的使命等不切实际的观念。

- ✓ 宗教妄想：个体对宗教或精神信仰的错误或极端信念。

例：坚信自己是耶稣基督再生；认为自己能与神直接对话。

- ✓ 疑病妄想：个体坚信自己患有某种严重的、未确诊的疾病。

例：坚信自己罹患癌症，尽管多次检查结果都否定了这一点。

- ✓ 嫉妒妄想：个体坚信其伴侣对自己不忠，尽管没有实际证据。

例：坚信伴侣与同事有染，尽管没有实际证据支持这一怀疑。

医生，你这么一说，我觉得我家小斯是这个病！你们要好好帮她检查一下，看看到什么程度了。

老先生，小斯身体方面的检查报告基本正常，精神症状方面也会作评估。

好的，谢谢！麻烦了！

# 专业的评估方法

该病的评估工具与精神分裂症评估方法相同，具体参考 P219 的量表。主要通过临床访谈及标准化评估量表评估，量表有阳性和阴性症状量表、简易精神状态检查、阳性症状量表等。临床评估均需要专业人员详细评估，专业性强，要求高，建议有需求的患者到专科医院或有资质的精神心理科开展评估。

# 回归路上的医学导航

尽管急性而短暂的精神病性障碍症状可能会自限性地消退，但及时和适当的专业干预对于产妇患者的康复非常重要。这样也能让她们更好地度过这个艰难的时期，重新回归健康和幸福的生活。以下是一些常见的干预方法。

## 1. 药物治疗

药物治疗是管理急性精神病性症状的核心方法。如抗精神病药快速控制精神病性症状；抗焦虑药缓解焦虑和紧张；若有情绪波动明显，必要时使用情绪稳定剂。

## 2. 心理治疗

心理治疗可以帮助产妇患者理解和应对症状。

✓ **认知行为疗法（CBT）：** 帮助产妇患者识别和改变不合理的思维模式，减少精神病性症状的影响。

✓ **支持性心理治疗：** 提供情感支持，帮助产妇患者处理情绪问题和应对生活压力。

## 3. 环境干预

创建一个安全和支持性的环境对患者的康复非常重要。

✓ **住院治疗：** 对于症状严重或存在自杀 / 他害风险的产妇患者，住院治疗可以提供紧急的医疗干预和保护。

✓ **家庭支持：** 家庭成员的理解和支持对产妇患者的康复至关重要，可能需要通过教育和家庭治疗来实现。

✓ **社工支持：** 社工可以提供资源和支持，协助产妇患者解决实际困难，如就业、住房和医疗相关支持。

## 4. 教育和预防

教育和预防措施可以帮助减少复发的风险。

- ✓ **患者教育：**提高产妇患者对疾病的认识，帮助他们理解病因、症状和治疗方法。
- ✓ **应对策略培训：**教产妇患者有效的应对策略，帮助她们管理压力和情绪，减少复发风险。
- ✓ **定期随访：**与精神卫生专业人员保持定期联系，监控病情变化，调整治疗方案。

## 5. 生活方式调整

健康的生活方式对维持精神健康非常重要。

- ✓ **规律的作息：**保持规律的睡眠和饮食习惯，减少疲劳和压力。
- ✓ **适量的运动：**适度的体育活动对身体有益，有助于缓解压力，能有效改善情绪。

# 充电一刻

*Charge for a moment*

## 孕产妇心理健康问题需要多学科团队协作

在“生理—心理—社会”现代医学理念下，综合健康观强调生理健康与心理健康相互依存、相互影响。孕妇孕期身体的剧烈变化易引发心理问题，关注其心理健康不仅能给予情感支持，更能促进生理健康，需多学科团队协作。整合心理科医生、产科医生、护士、社会工作者等专业人士，为孕妇提供全面系统支持。心理科医生负责评估诊断，制订个性化治疗方案，提供综合性支持，实现身心和谐统一。多学科团队定期分享互通信息，共同制订最佳干预方案，提高服务效率和孕妇满意度。

手机扫一扫，观看科普小短剧。

《月子期的心理健康》

Chapter 9

# 怀孕后，
# 我的老婆
# “精神错乱”了

金芬在大二时被诊断为精神分裂症，经过规范治疗和康复后，顺利完成了大学学业，并考上了研究生。过去两年，她在医生的指导下停药，病情稳定，工作也很出色，并与丈夫建立了幸福的家庭。今年，她怀孕了，起初非常兴奋，但随着孕期的推进，她开始感到焦虑和不安，耳边时常听到低语声。她开始怀疑有人故意针对自己，甚至对丈夫也不信任，认为他可能会对自己和孩子有害，导致经常发生冲突，一度情绪失控砸东西。丈夫对金芬的变化感到困惑，于是请岳父出面帮忙。岳父无意中透露了金芬的过往病史。尽管如此，丈夫仍然深爱着金芬，愿意陪伴她一起渡过难关，并积极寻求产检医院心理科医生的专业帮助。

你是金芬的爱人吧？目前金芬是精神分裂症复发，已经出现幻觉及妄想症状。

医生，家里人说她精神分裂症不是治疗好了吗？

嗯，在孕期精神疾病发生风险高，何况她原来有病史，就更加容易复发。

那精神分裂症是一个什么样的疾病呢？

嗯，这是一个在历史上很“坎坷”的疾病……

Tips

精神分裂症的历史沿革

人类认识精神分裂症的历史十分漫长。最早文字记载是被称为“医学之父”的希波克拉底将精神疾病粗分为7类；中世纪宗教神权成为最高权力，许多精神障碍患者遭受残酷处置，精神病被认为是罪恶和魔鬼附身；18世纪后期首次将精神分裂症看成是一种早发的痴呆；直到20世纪瑞士精神病学家布鲁勒首次提出“精神分裂症”的概念。精神分裂症的病因和发病机制目前仍未明，但生理、心理、社会因素对精神分裂症的发病都起着重要作用。

# 看清混乱背后的真相

精神分裂症是一种严重的心理疾病，通常会影响思维、情感和行为。孕产妇在孕期随着激素改变、躯体的变化及不适，对既往有精神分裂症病史的孕妇来说，在孕期精神分裂症复发风险很高。因此，早期识别至关重要。以下是一些识别精神分裂症的主要特征和症状。

## 1. 阳性症状

主要包括病理性的异常感知觉和思维混乱。

✓ **幻觉：**患者可能会听到、看到、闻到或感觉到实际上并不存在的东西。最常见的是听到声音，即幻听。

✓ **妄想：**患者可能会有不真实的信念，例如认为自己被监视或受到迫害；认为自己有特殊身份或特异功能；认为自己被高科技控制……

✓ **思维混乱：**言语可能变得无逻辑，难以表达清晰的思想。

## 2. 阴性症状

包括正常情感和行为的缺失。

✓ **情感淡漠：**患者可能表现出情感冷漠，对周围事物缺乏兴趣或快乐。

✓ **社交退缩：**患者与他人交往的意愿减少，可能会选择孤立自己。

### 3. 认知症状

认知方面的障碍可能影响日常生活。

✓ **注意力和记忆力障碍：**难以集中注意力，回忆信息变得困难。

✓ **决策困难：**面对简单的选择时感到困难，生活管理能力下降。

### 4. 其他症状

患者容易出现情绪波动，可能经历明显的情绪变化，感到极度焦虑或抑郁。

# 专业的评估方法

评估精神分裂症的严重程度和影响是制订有效治疗方案的关键，需要专业医生来判断和诊疗。以下是常用的评估方法和步骤。

## 1. 临床访谈

心理健康专业人士通常会通过临床访谈来了解患者的病史和症状。这包括：询问患者的症状出现时间、频率和严重程度，以及家族历史。了解患者是否经历过幻觉、妄想、情感淡漠或认知障碍。

## 2. 标准化评估量表

使用标准化的评估工具可以帮助量化症状的严重程度，常用的量表包括以下几种。

- ✓ **阳性和阴性症状量表（PANSS）**：评估患者的阳性症状（如幻觉、妄想）和阴性症状（如情感平淡）。
- ✓ **简易精神状态检查（MMSE）**：评估认知功能，帮助了解患者的思维和记忆能力。

精神分裂症的评估需要专业人员开展，作为监护人一般参照孕产妇既往表现，如果出现和既往出现明显的怪异行为，应及时寻找专业的精神科或心理科帮助。

# 消散迷雾的专业明灯

尽管精神分裂症的症状可能严重影响患者的生活和社会功能，但通过有效的干预和治疗，可以帮助患者管理症状、恢复功能和改善生活质量。以下是一些主要的干预方法。

## 1. 自我管理技巧

鼓励患者学习自我管理技巧，以便更好地管理自己的健康。帮助患者识别症状的起伏，及早发现问题。促进规律的作息、均衡饮食和适量运动，有助于提高整体健康状况。

## 2. 社会支持

社会支持对于精神分裂症患者的恢复至关重要。

社区组织的同伴支持小组可以帮助家庭成员了解疾病，改善家庭动态，增强支持系统。患者可以在这些小组中分享经历，互相支持，减少孤独感。社区精神卫生服务可以提供持续的支持和指导，确保产妇患者在康复过程中得到适当的帮助。

### 3. 危机干预

在精神分裂症患者出现伤人或伤己、毁物等危险行为时，及时的干预是必要的，包括：患者和家属可以随时寻求专业帮助。在严重的症状发作期间，住院治疗可以提供安全的环境并进行密切监管。

### 4. 专业的治疗

（1）药物治疗

药物治疗是精神分裂症干预的基础。这些药物可以有效减轻阳性症状，如幻觉和妄想。常用的抗精神病药包括氯丙嗪、利培酮和奥氮平等。由于抗精神病药可能引起不良反应，医生通常会根据患者的反应调整药物类型和剂量，切勿自行随意用药。

（2）心理治疗

心理治疗在精神分裂症的干预中也起着重要作用，

常见的方法包括以下几种疗法。

- ✓ **认知行为疗法（CBT）：**帮助患者识别和挑战消极思维，改善情绪和行为。
- ✓ **支持性疗法：**提供情感支持，帮助患者应对疾病带来的压力。

### 5. 物理治疗

电抽搐治疗（ECT）、重复经颅磁刺激治疗（rTMS）及深部脑刺激（DBS）等物理治疗方法均可以作为药物治疗的补充，尤其在药物治疗效果不佳或患者对药物不耐受时，物理治疗可以提供另一种治疗选择。需要注意的是，物理治疗应在专业医生的指导下进行，以确保安全和治疗效果。

# 家庭支持下的康复之路

患者家人应保持对疾病的正确的认知，给予患者规范治疗的帮助。家属可以通过以下措施给予帮助和支持。

做好药物管理，提高患者治疗依从性。比如可以设置闹铃，或者提醒患者准时用药。观察和记录药物不良反应，以便和医生沟通，优化治疗方案。

学习掌握一些疾病相关知识，当患者出现一些精神症状时，避免强烈的逻辑辩论，聚焦她的当下需求。制订一些容易实现的计划，帮助患者获得自信心。和家人共同观看喜剧或翻看恋爱时期照片重建亲密感，也能降低家人的照料倦怠感。

经过规范治疗，病情得到缓解后，患者还需继续参加社区康复，帮助新妈妈最大限度地恢复家庭和社会功能，全面提高生活质量。

Chapter 10

# “隐形杀手”
# ——新爸爸“产后抑郁”

阿强和妻子迎来了女儿的诞生，这本是幸福至极的开端，却成了阿强噩梦的起点。女儿出生后，家庭开销猛增。为了给家人更好的生活，阿强拼命工作，频繁加班，每天拖着疲惫身躯回家。回到家，他又要马不停蹄地照顾孩子。夜里孩子哭闹不断，他一次次被吵醒，长期的睡眠不足让他精神恍惚。在单位，阿强状态不佳，工作频繁出错，遭到领导多次批评。母亲从老家来到城市照顾妻女，但微妙的婆媳关系让他神经紧绷，雪上加霜。渐渐地，阿强变得沉默寡言，对曾经热爱的篮球和游戏也失去了兴趣。烦躁情绪缠身，让他还频频与妻子起冲突。慢慢地他觉得自己是个彻头彻尾的失败者，完全给不了家人好生活，想逃避现实。下班回家他都不愿进门，常独自一人待在车里吸烟，一待就是一小时以上。直到一天，他看到妻子抱着孩子默默流泪，那一刻他如梦初醒，终于决定求助专业心理医生。

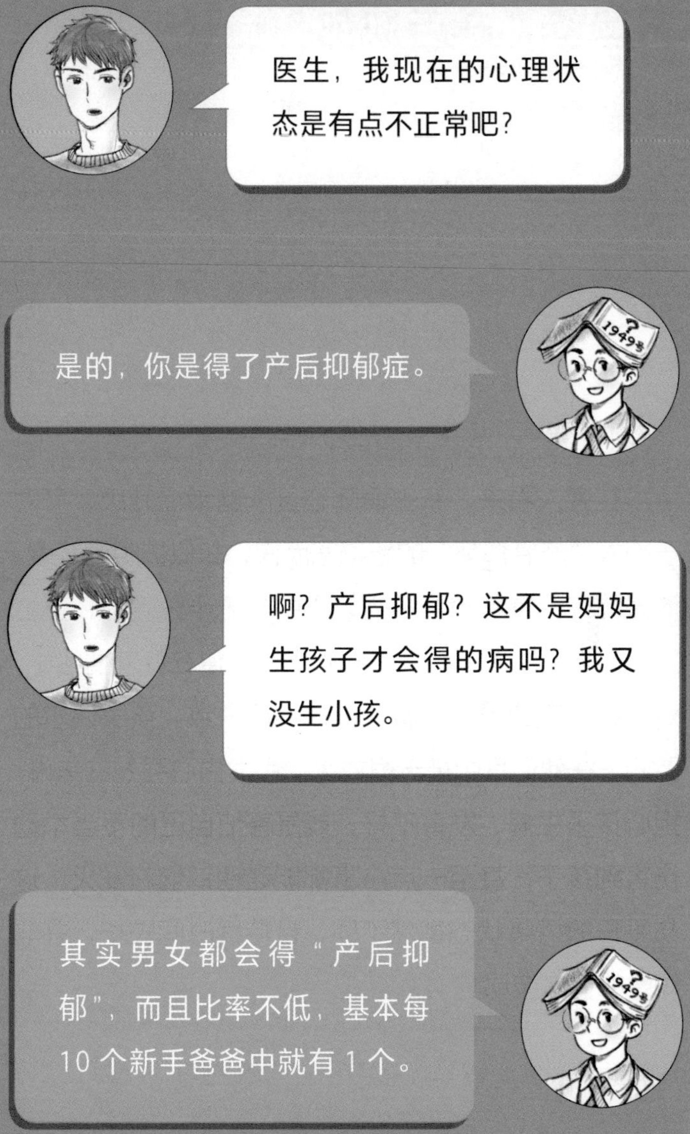
医生，我现在的心理状态是有点不正常吧？
是的，你是得了产后抑郁症。
啊？产后抑郁？这不是妈妈生孩子才会得的病吗？我又没生小孩。
其实男女都会得“产后抑郁”，而且比率不低，基本每10个新手爸爸中就有1个。

# 新爸爸“产后抑郁”症状曝光

## 1. 情绪低落，焦虑难安

在旁人看来，新生命降临是家庭幸福升级，可对于陷入“产后抑郁”的新爸爸而言，却似被阴霾笼罩。清晨醒来，望着窗外阳光，心中却无半分暖意，莫名的悲伤与无助涌上心头，一整天都沉浸在低落情绪中，对以往热衷的球赛、游戏都提不起兴致。孩子偶尔的哭闹，在他们耳中被无限放大，引发内心强烈的焦虑，担心孩子生病、发育不好，或是害怕自己的不当举动伤害到孩子，甚至一点小事都能让他们恼怒发火，这与平日的情绪状态截然不同，且持续时间较长，并非短暂的情绪波动。

### 2. 睡眠障碍，疲惫不堪

夜晚本应是休憩身心的时段，他们却在黑暗中辗转反侧。要么久久难以入眠，脑海中像放电影般闪过工作的压力、家庭的矛盾、育儿的难题；要么好不容易睡着，却多梦易醒，孩子的轻微动静、窗外的风声都能将其惊醒，之后便再难入睡。长期睡眠不足，白天自然疲惫不堪，工作时频繁出错，注意力难以集中，可身体的劳累又无法在夜间得到缓解，如此恶性循环，让他们身心俱疲。

### 3. 亲子疏离，家庭氛围降温

抱着满心期待迎来孩子，产后抑郁却让新爸爸们在亲子关系上“退缩”。他们不愿主动抱孩子，给孩子喂奶、换纸尿裤，即便家人鼓励，也只是敷衍了事，刻意与孩子保持距离，害怕亲密接触。在家中，与妻子、长辈交流逐渐变少，常独自坐在角落发呆，或是沉迷手机逃避现实，家庭氛围变得压抑沉闷，原本的温馨被冷漠取代，孩子成长中的父爱缺失，夫妻关系也愈发紧张。

### 4. 食欲减退，身体亮红灯

曾经大快朵颐享受美食的他们，如今面对满桌佳肴却味同嚼蜡，毫无食欲，只是机械地往嘴里塞几口饭，食不知味。有的甚至三餐不规律，饿了就随便应付两口。长此以往，肠胃功能紊乱，时常胃痛、胃胀、消化不良，体重也悄然下降，身体免疫力降低，频繁感冒、头痛，而这些身体不适反过来又加重了心理负担。

# 新爸爸“产后抑郁”评估工具箱

新爸爸“产后抑郁”症状评估同样也分为自评量表和他评量表。自评量表爱丁堡产后抑郁量表（EPDS）及病人健康问卷-9（PHQ-9）均可用于筛查新爸爸“产后抑郁”（具体参考P64）；汉密尔顿抑郁量表（HAMD）及蒙哥马利-艾森伯格抑郁量表（MADRS）均可作为他评量表工具。

# 新爸爸产后快乐恢复攻略

医生，我得了产后抑郁症！
怎么做才能好起来呀？

我给你一些建议吧！你可以尝试以下这些方法进行自我调整。

## 1. 自我调节

作为新爸爸要认识到产后抑郁并非软弱的表现，很多新爸爸都会面临这样的挑战。了解产后抑郁的症状、分析当下你产生抑郁的原因和可能的有效应对方法，有助于新爸爸正确认识自己的情绪状态，避免因无知而产生的恐惧和焦虑。当新爸爸意识到自己可能处于抑郁状态时，应积极主动地寻求改变，通过阅读相关书籍或参加线上课程，增加对产后抑郁的了解，从而更好地应对自己的情绪问题。

学习一些简单有效的情绪调节技巧，如深呼吸、冥想、渐进性肌肉松弛等（具体方法参照 P166）。这些技巧同样能帮助新爸爸在感到焦虑或情绪低落时，迅速调整自己的状态，放松身心。可以每天抽出一定的时间进行练习，让自己的身心得到放松。

尽管有了孩子后生活变得忙碌，但新爸爸仍要努力保持自己的社交圈子。与朋友、家人聚会，参加自己感兴趣的活动，能够让新爸爸暂时从育儿的压力中解脱出来，缓解负面情绪，同时也能获得情感上的支持和理解。

## 2. 家庭支持

妻子要给予丈夫充分的理解和关爱，意识到丈夫也在经历角色的转变和压力。主动与丈夫沟通，倾听他的感受和困扰，共同分担育儿责任。在丈夫情绪低落时，给予鼓励和肯定，让他感受到自己的付出被认可。

明确家庭成员之间的分工，让新爸爸在育儿过程中找到自己的角色和价值。除了照顾孩子，新爸爸还可以承担一些家务劳动或其他家庭责任，如采购生活用品、维修家居等。这样既能减轻新爸爸的压力，又能让他感受到自己对家庭的重要性。

家庭成员之间要相互尊重、理解和包容，避免争吵或抱怨。营造一个温馨、和谐的家庭环境，有助于新爸爸保持良好的心态，缓解抑郁情绪。

## 3. 专业帮助

当新爸爸的抑郁情绪较为严重，无法通过自身调节和家庭支持得到缓解时，应及时寻求专业心理咨询师的帮助。心理咨询师会通过专业的方法和技巧，帮助新爸爸识别和处理负面情绪，改变不合理的思维方式和行为模式，提升应对压力的能力。

在医生的评估和指导下，对于症状严重的新爸爸，可能需要采用药物治疗来缓解抑郁症状。药物治疗需要严格遵循医嘱，注意药物的不良反应。在治疗过程中，医生会根据新爸爸的病情调整药物剂量和治疗方案。

参加产后抑郁支持小组，与其他有类似经历的新爸爸交流心得和经验。在支持小组中，新爸爸们可以互相倾听、互相鼓励，分享应对抑郁的方法和技巧，感受到自己并不孤单，从而增强战胜抑郁的信心。

# 从“旁观者”到“共生者”促进家庭情感复位

### 1. 妻子“观察—共情—邀请”三步法

避免指责式沟通，如用“你最近陪宝宝时总皱眉，是累了吗？”替代“你怎么不管孩子”。每周固定 15 分钟“咖啡时间”，妻子先分享育儿脆弱瞬间（如“昨天喂奶漏了一身，突然好想哭”），引导丈夫用“最近工作忙，但抱孩子时心跳会变慢”等具体感受回应，打破“父亲必须坚强”的枷锁。

### 2. 建立“父亲专属仪式”

每日睡前 10 分钟“爸爸抱抱时间”，由新爸爸主导换尿布、哼歌或单纯凝视婴儿，妻子主动回避并创造独处空间。记录“爸爸第一次让宝宝笑了”等微小成就，贴在冰箱上形成正向反馈，强化新爸爸胜任感。

### 3. 家庭三角互动“减法原则”

避免“妈妈指挥－爸爸执行”的错位模式，妻子示弱请求协助：“宝宝好像更喜欢你的摇法，你来试试？”每周一次“三人躺聊”，新爸爸背靠床头，新妈妈抱娃坐腿间，用婴儿的口吻问：“爸爸今天上班有没有想我呀？”借孩子视角降低新爸爸情感表达的羞耻感。

### 4. 亲友“替代支持”介入

祖辈或朋友定期带走新妈妈 2 个小时，让新爸爸单独完成“带娃散步”“煮辅食”等低压力任务，用具体成功经验重塑自信。同时，刻意询问新爸爸睡眠、饮食状态，赋予“被关注者”身份。

# 充电一刻
*Charge for a moment*

## 了解家庭生命周期

家庭生命周期（Family Life Cycle）是指一个家庭从形成到解体的整个过程，它反映了家庭在不同阶段的结构、功能和关系变化。孕产期在我们整个家庭生命周期中处于一个非常关键的动态阶段，即家庭的形成和扩展阶段。在这两个阶段，家庭关系从二元关系开始发展为三元关系，如在这一阶段有公公婆婆、岳父岳母的加入，家庭关系将发展为更为复杂的多元关系，同时在这一阶段，家庭责任、经济角色也会发生变化。

家庭生命周期这个概念最初由社会学和人类学领域提出，用于描述家庭随着时间推移所经历的不同发展阶段。家庭生命周期理论这一概念为人们提供一个有用的框架，用来预见家庭都要经历的发展阶段，提供了对于家庭问题出现在过去的经历，当前试图去处理任务，将来要往哪里去的视野。这是一种关注家庭能力的更积极的角度，认为家庭能够在保持稳定性和连续性的同时，完善并改变其结构。

### 1. 形成阶段

家庭形成始于两个个体的结合，通常是通过婚姻或伴侣关系。这个阶段可能还包括婚前同居。

### 2. 扩展阶段

✓ 新婚夫妇：结婚后没有孩子的夫妻阶段。

✓ 有幼儿的家庭：家庭中有了第一个孩子，家庭成员开始包括父母和子女。

✓ 有青少年的家庭：随着孩子的长大，家庭结构和需求发生变化，父母的角色和责任也随之变化。

### 3. 稳定阶段

孩子长大，家庭结构相对稳定，父母可能更多地关注自己的职业发展和个人兴趣。

### 4. 收缩阶段

子女长大成人，离开家庭，父母再次回到两人世界。父母进入退休阶段，可能面临健康问题和养老问题。

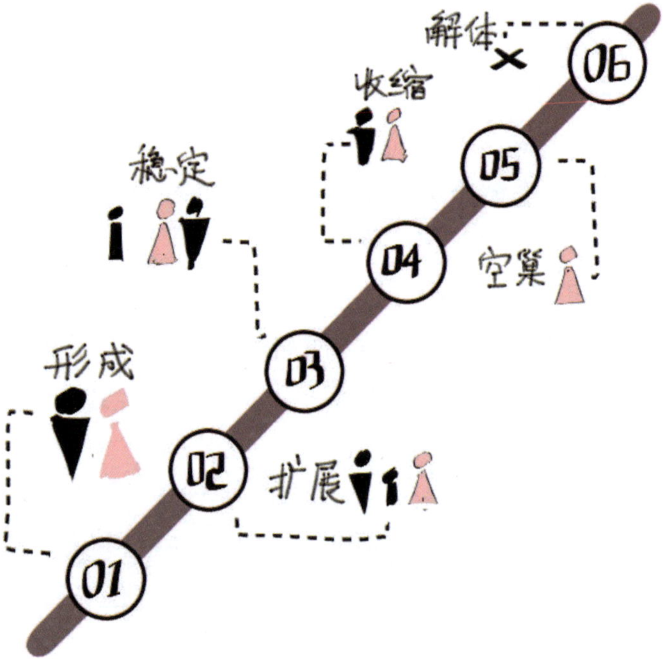


家庭生命周期

5. 空巢阶段

从最后一个孩子离开父母，到配偶一方死亡。

### 6. 解体阶段

家庭生命周期的最后阶段，夫妻双方可能只剩下一位，直至去世，家庭最终解体。

手机扫一扫，观看科普小短剧。

《产后回归的心理准备》

# 延伸阅读

## 社会文化与心理健康

很多人认为，怀孕就是生命延续的一段自然旅程。大家的目光通常都聚焦在妈妈和宝宝身体上的那些奇妙变化，像肚子一天天鼓起来，每次产检时宝宝的细节变化。可一提到孕期的情绪小烦恼，还有那些心理上的起起伏伏，好多人觉得没啥大不了，不就是怀个孕嘛，等生完娃，这些自然就消失不见啦，忽略了孕产期的心理健康问题。

那么什么是健康的孕产期心理状态呢？孕产期心理健康是指女性在怀孕、分娩、产后及哺乳期间所面临的心理健康问题，包括焦虑、抑郁及失眠等。根据世界卫生组织的数据，全球有 10%～15%的孕产妇在围产期经历抑郁，而焦虑症的发生率更高，为 15%～20%。孕产期失眠发生率高达 80%，可见，孕产期心理健康问题发生率高。大量的研究也提示孕产期心理健康问题可能对孕产妇及新生儿的健康产生负面影响。因此，关注孕产期心理健康并提供必要的专业支持，对减少孕产期心理问题的发生、帮助她们顺利度过这一阶段至关重要。

孕产期心理问题的出现会受到多种因素的影响，比如个体的心理素质、生活环境、家庭关系和社会支持等。这是一个综合性问题，充满巨大挑战，也需要从孕产妇、专业人员、社会多角度共同关注和努力。

### 1. 传统文化与孕产期心理

传统文化对孕产妇心理健康的影响是复杂而多元的，既有积极的一面，也有可能带来负面影响的一面。比如，某些文化中的产前仪式或庆祝活动可以增强孕妇的安全感和归属感，使她感到自己被重视和爱护，增强了社会连接感，但也有一些文化可能存在对孕妇行为的严格限制或禁忌，如避免接触某些物品或活动，这些限制可能导致孕妇感到孤立和焦虑。

无论处在哪一种传统文化中，我们都不能只考虑其中一个方面，随着社会生活节奏加快，社会环境日趋复杂，即使是常态下，也容易产生各种情绪障碍或心理问题，如精神焦虑、抑郁、“空心病”等，更何况孕产妇的身心此时更面临着巨大的变化，这就要求我们需要更全面地看待传统文化对于孕产妇，及其家庭的影响，遵循

“生理一心理一社会”的现代医学模式，促进孕产妇及家庭的自我调整和自我完善，顺利度过对每位家庭成员来说都非常重要的阶段。

（1）教育水平

一般来说，文化程度较高的孕产妇或夫妇，产生孕产期心理问题的概率要低；而文化程度较低的孕产妇则会表现出较高的产后抑郁及焦虑水平。在妊娠期间，孕产妇及其家庭的社会角色即将发生改变，对年轻夫妻而言，这是新的挑战，他们将面临新的责任、日常琐事和夫妻关系的重建；此刻，所受教育可以帮助孕产妇及其家庭更好地完成新角色的转换和过渡，理性对待妊娠分娩。更值得关注的是，教育水平越低的女性，有更高的概率发生未婚先孕。根据国家相关部门统计，全国每年有将近 500 万例未婚流产，而这个数字恐怕远远不止，因为还有很多在“黑诊所”做流产手术的没有包含在内。更令人触目惊心的现象是：未婚先孕者越来越多集中于青少年人群，这一群体甚至占到了流产人数的 50%，估计每分钟便有 10 名少女进行不安全流产。我国未婚先孕的母亲尚不能被社会所接受，这导致未婚妇女缺乏合法婚姻的保护，往往这一群体的年龄偏低，对妇女保健知识缺乏认识，更易产生自卑、害羞、焦虑不安、恐惧、抑郁等不良情绪，这些情绪若不能得到及时疏导，便会产生一系列心理问题。

（2）宗教信仰

一些具有宗教背景的国家认为，胎儿是生命、堕胎是罪行。比如美国的许多基督教小镇里，一旦年轻人怀孕，他们就必须要结婚，因为堕胎和婚前性行为都是违反《圣经》要求而遭人唾弃的。2019 年，美国亚拉巴马州通过史上最严格反堕胎法案，该法案规定，在法律生效后，全州将严禁堕胎行为，包括被强暴、乱伦等非自愿怀孕的情况。只有当胎儿出现致命畸形或危及母亲生命时，才允许堕胎；帮助孕妇施行堕胎手术的医生将以重罪被起诉，最高可被判终身监禁。这无疑也减少了女性的选择权，给她们造成更大的生育压力。

（3）对胎儿的性别期待

中国人的传统观念认为“多子即多福”，把儿女满堂、子孙绕膝看作是一件光宗耀祖的事情。在中国，千年来儒家思想已深入人心，《孟子·离娄上》有言“不孝有三，无后为大”。如孟子所言，普遍观点认为，这句话的意思是：有许多不孝的行为，没有子嗣则是最大的不孝；所以繁衍子嗣、光耀门庭是每对夫妻义不容辞的责任，当女子嫁入夫家之后，必须得生儿育女才算是在夫家真正占有一席之地。

在长期父权社会制度影响下，人们惯有的想法以为，男孩才是传承香火的重要依托。一般在正常受孕的情况下，胎儿的性别从成为受精卵的一刻就已确定，但往往女性一旦怀孕，胎儿的性别就会成为整个家族上上下下日益好奇和猜测的热点。为了避免由孩子性别造成的故意打胎等恶性事件，我国国家卫生健康委员会发布的《禁止非医学需要的胎儿性别鉴定和选择性别人工终止妊娠的规定》，第 3 条明确说明“禁止任何单位或者个人实施非医学需要的胎儿性别鉴定和选择性别人工终止妊娠”。

德博拉·坦嫩的研究发现，与男性相比，女性比其他人更敏感，更容易被别人暗示，多数女性喜欢猜测他人的话中之话和弦外之音。女性嫁入夫家，在社交中需要处理婆媳、妯娌、夫妻等多重关系，为了使自己在多

重关系中保持角色的平衡，女性的个性便不能太过突出，孕妇作为女性，也作为未来的母亲，又是系所有胎儿期待于一体的交织点，孕妇在妊娠过程中，关于胎儿的言论都比他人更为敏感，家庭成员及社会舆论对男孩女孩的期待和行为规范等要求不同，也会导致孕产妇产生巨大的心理压力。

（4）分娩方式

近年来，诸多关于“分娩方式”产生争执而导致孕妇出现心理困扰的新闻见诸报端，2017 年，榆林产妇因“剖腹还是顺产”难以调和而跳楼，家属与医院因“究竟是谁拒绝为产妇实施剖宫产”各执一词，酿下悲剧。传统的民间说法认为自然分娩产下的孩子更聪明，而科学技术的进步催生了无痛分娩技术，亦有研究证实，无痛分娩技术可有效减轻产妇分娩疼痛程度，减轻孕产妇负性情绪，有助于提升自然分娩率，且不影响产妇产程及新生儿评分，临床应用安全可靠。

## 2. 社会环境的作用

（1）社区健康

健康社区的理念是基于健康城市理念的演进而发展的，1984 年美国一位社会学家将健康社区定义为“身体的（physical）、精神的（mental）和社会的（social）

健康，并强调人与环境的关系”。社会公共卫生危机事件过后，在开放三胎政策、鼓励生育友好型社会建设背景之下，我国的社区治理与更新必然会有更多心理健康视角下的建设思考，除基础设施之外，还应当考虑孕产妇的心理健康与健康素养的培育、社区针对性健康服务水平提升、乐观积极社区氛围营造和管理部门的健康规管，以积极促进社区的良性发展和未来社区的突发事件应对，为孕产妇提供一个良好的生育环境。

（2）经济水平

经济水平低下是影响孕产期心理问题发生的相对危险因素，比如没有基本医疗保险、低收入或配偶无收入、居住条件恶劣、家庭中近期发生重大变故等。这些情况在医院的产前诊断门诊中尤为常见，如有些孕妇因为各种高危因素需要做羊水穿刺，但因为家庭经济困难，面对高额的检查费用望而却步，同时又担心漏诊、胎儿存在风险、手术风险，孕妇焦虑烦躁惊恐不安，这种焦虑不安是会持续存在的，甚至会延续到孩子出生后的许多年。

（3）可获取的资源

各种资源的短缺是目前孕产妇心理健康服务开展面临的最大问题；虽然孕产妇迫切需要解决心理问题，但对心理健康服务人员及机构的选择有着较高的专业要求，以往研究发现，专业人员、专业机构等资源的短缺是当前孕产妇心理健康服务供需不平衡的重要因素。我们看到，当前社区现有工作人员中，具有心理学专业背景的人员稀少，难以保障孕产妇心理健康服务的有效性和及时性，无法为孕产妇提供高质量的心理健康服务。

（4）媒体

随着大众对心理健康越来越关注，以及新媒体平台的普及，人们在各个新媒体平台上搜索与“心理”相关的关键词的次数逐年增加。有研究指出媒体对心理健康的 3 种影响机制，分别是：不利的社会比较、网络信息误导（鱼龙混杂的互联网信息、网络信息传播焦虑造成误导）、其他行为改变（如人际交往和人际关系等），这些也会在不同程度上影响到女性的生育意愿，比如网上广泛传播的热梗“不婚不育芳龄永继”等，在一定程度上就属于是网络信息的误导。

（5）社会支持

研究发现，社会支持中的父母支持与朋友支持是孕产妇产后 3 天抑郁的保护因素，社会支持中的父母支持是产妇产后 42 天抑郁的保护因素。孕产妇往往处于情绪敏感脆弱的阶段，需要伴侣、家人、朋友的照顾与陪伴，若此时增加外界的社会支持度如进行精神鼓励、帮忙照顾婴儿、提供经济支持等，或者是产后家人的陪伴尤其是倾听者的陪伴，都将大大加快孕产妇的产后恢复，有利于防止PPD的出现。此外，建立孕产妇社会支持网络，如积极参加孕妇班、孕妇学校、具有专业资质的社会团体、母婴沙龙等活动，结识其他准妈妈，分享彼此的经验和感受。社交支持网络可以提供情感支持和实际帮助，减轻孕期孤独感和压力。

此外，担心产后小孩无人看护、失去工作机会、家庭经济来源不足，也常可使孕产妇焦虑和不安。这些问题可能会导致孕产妇出现抑郁，情绪低落容易疲劳，饮食不佳以及神经内分泌显著变化等症状。产褥期是产妇及其家属进行身心调适，应对社会角色转变的重要时期。在一些发达国家，产后心理健康教育及心理状况调查，是产后访视重要组成部分；但目前国内产后访视多数只针对产褥期妇女的生理调适状况及新生儿的生长、发育状况，对产后心理健康缺乏关注与指导，因此，产后访视时应该同时给予心理因素筛查、心理健康教育，这对于产后抑郁症的预防具有重要意义。

（6）政策支持

政府政策和法律法规对孕产期心理健康的影响显著。例如，国家对孕妇的保护政策、产假制度和医疗保障体系等，都直接关系到孕妇的心理健康。良好的政策可以为孕妇提供必要的心理健康服务，确保她们在怀孕和产后获得应有的支持。同时，国家对心理健康的重视程度也影响社会对心理健康问题的认识。如果政府在公共卫生政策中将孕产期心理健康纳入重点领域，必然会提高社会对这一问题的关注，推动相关服务的完善。

### 3. 多元文化下的资源与支持

（1）做好孕产妇心理健康问题的筛查和评估

应将孕产妇心理健康问题的筛查作为常规孕产期保健的重要组成部分，在每次产前或产后检查中，应根据具体情况，询问孕产妇情绪状况并了解其社会—心理风险因素，并进行及时干预。《孕产妇心理健康管理专家共识（2019年）》显示，至少应该在孕早期（$13^{+6}$周前）、孕中期（$14\sim27^{+6}$周）、孕晚期（28周及以后）和产后42天分别进行孕产妇心理健康筛查，常用筛查内容有妊娠期压力、分娩恐惧、抑郁、焦虑等，及时关注孕产妇心理健康动态，必要时提供转诊服务。

（2）科学的孕产期心理健康教育

流行病学调查研究显示，孕产妇产生抑郁情绪不仅与生理基础相关，很重要的原因是缺乏孕育胎儿的知识，过分担心自身及胎儿的健康而产生压力，最终引起了不良的心理问题。针对这种情况，产科工作者在实际工作中应该关注到孕产妇的成长变化，根据每个孕产妇的具体情况进行有效的健康教育。健康教育的方式可以采用大课、小课或个别指导等，线上与线下相结合。健康教育的内容中要重视心理方面知识的讲解，让孕产妇了解不同阶段会出现的生理、心理变化，并指导孕产妇进行有效的应对，让孕产妇进行自我调整和自我完善，顺利完成人生的这一重要阶段。

（3）开设孕产心理门诊

在产科开设心理咨询门诊是对孕产妇进行心理干预的一个重要举措。如果经过健康指导，孕产妇的心理问题仍然没有得到解决，应当由取得心理咨询师资格的人员对孕产妇进行专业的心理咨询。常用的心理咨询技术是认知行为治疗，该治疗是一组通过改变思维和行为的方法来改变不良认知，达到消除不良情绪和行为的短程心理治疗方法。该方法强调改变认知，即看待问题的方式，国外已有学者将认知疗法用于孕产期抑郁，取得了较好的效果。具有代表性的是埃利斯的合理情绪疗法、贝克和雷米的认知疗法以及梅肯鲍姆的认知行为矫正技术。如能在产科心理咨询门诊对有抑郁情绪的孕产妇进行心理干预，就能及时改善其不健康的心理状态，减少孕产期抑郁的发生。

（4）倡导性别平等的社会氛围

联合国《变革我们的世界：2030 年可持续发展议

程（Sustainable Development Goals）》中的 SDG4、SDG5 明确指出：确保包容和公平的优质教育，促进全民终身学习；实现性别平等，增强所有妇女和女童的权利。其中涉及的生育权益具体表述为：建设生育友好社会、消除生育就业带来的就业歧视、重视妇幼保健，以及保障婚姻中女性和儿童家庭财产分配等权益、保障婚姻中女性生殖健康。提倡“男女平等”的社会氛围，不是大喊口号、鼓励偏激，不是制造对立、撕裂社会。尊重女性是社会文明的体现，提高女性地位、保护妇女，能够更好地完善社会形态和人权结构，对于社会及国家的可持续发展起到重要的作用。无论男女，尊重性别差异，认可自身意义，独立创造价值，并用实际行动去建设和谐社会环境，是整个人类文明健康可持续发展的重要一环。

手机扫一扫，观看围产期抑郁焦虑系列科普视频。

# 附录 1
# 国内孕产期心理资源

## ◆ 国内官网讯息：

国家心理健康和精神卫生防治中心孕产妇心理健康：

https：//ncmhc.org.cn/video/index/wid/352/tag_id/11

中国疾病预防控制中心妇幼保健中心健康科普：

https：//www.chinawch.org.cn/jkjy2021/

中华医学会科普与健康：

https：//www.cma.org.cn/col/col12/index.html

## ◆ 心理援助电话：

全国心理援助热线 12356

上海市心理援助热线 962525（全天 24 小时开通）

### ◆ 孕产期心理科普资源：

微信公众号：“上海市精神卫生飘扬的绿丝带”“君述心理”“围产期母婴心理健康学习坊”

孕产妇心理科普短剧《好孕四人行》（扫文中二维码可观看）

围产期抑郁焦虑系列科普视频（扫文中二维码可观看）

### ◆ 上海市部分医疗机构心理门诊（截至2025年5月）

| 机构名称 | 地址 | 电话 |
|---|---|---|
| 上海市精神卫生中心 心理咨询门诊 | 宛平南路 600 号 | 021-34773231 |
| 上海交通大学医学院附属瑞金医院心理科 | 瑞金二路 197 号 | 021-34186000 |
| 复旦大学附属中山医院 医学心理科 | 枫林路 180 号 | 021-64041990 |
| 复旦大学附属华山医院 精神医学科 | 乌鲁木齐中路 12 号 | 021-52889999 |
| 上海交通大学医学院附属仁济医院心理医学科 | 浦建路 160 号 | 021-58752345 |
| 上海交通大学医学院附属新华医院临床心理科 | 控江路 1665 号 | 021-25078999 |
| 上海市第一人民医院 医学心理科 | 武进路 85 号 | 021-63240090 |
| 上海市第六人民医院 心理咨询门诊 | 宜山路 600 号 | 021-64369181 |

（续表）

| 机构名称 | 地址 | 电话 |
| --- | --- | --- |
| 上海市第十人民医院 精神心理科 | 延长中路 301 号 | 021-66300588 |
| 上海长海医院 心理医学科 | 长海路 168 号 | 021-31166666 |
| 上海市长宁区妇幼保健院 心理科 | 愚园路 786 号 | 021-62286069 |
| 徐汇区精神卫生中心 心理咨询门诊 | 龙华西路 249 号 | 021-64560088 |
| 闵行区精神卫生中心 心理咨询门诊 | 闸航路 2500 号 | 021-54840696 |
| 金山区精神卫生中心 心理咨询门诊 | 金石南路 1949 号 | 021-57930999 |
| 黄浦区精神卫生中心 心理咨询门诊 | 瞿溪路 1162 号 | 021-53010724 |
| 虹口区精神卫生中心 心理咨询门诊 | 同心路 159 号 | 021-56662531 |
| 长宁区精神卫生中心 心理咨询门诊 | 协和路 299 号 | 021-22139500 |
| 杨浦区精神卫生中心 心理咨询门诊 | 军工路 585 号 | 021-61173111 |
| 浦东新区精神卫生中心 心理咨询门诊 | 三林路 165 号 | 021-68306699 |
| 嘉定区精神卫生中心 心理咨询门诊 | 望安路 701 号 | 021-59935000 |
| 青浦区精神卫生中心 心理咨询门诊 | 练西公路 4865 号 | 021-59207615 |
| 松江区精神卫生中心 心理咨询门诊 | 塔汇路 209 号 | 021-57846299 |
| 奉贤区精神卫生中心 心理咨询门诊 | 奉炮公路 1180 弄 1 号 | 021-57120995 |
| 宝山区精神卫生中心 心理咨询门诊 | 友谊西路 788 号 | 021-56699700 |
| 普陀区精神卫生中心 心理咨询门诊 | 志丹路 211 号 | 021-56053041 |
| 静安区精神卫生中心 心理咨询门诊 | 平遥路 80 号 | 021-62584019 |
| 崇明区精神卫生中心 心理咨询门诊 | 三沙洪路 19 号 | 021-69610029 |

# 附录 2
# 其他评估工具

## 1. Wijma 分娩预期与经验问卷（A）

指导语：下面的题目主要测试你对即将到来的分娩过程中的感受，判断你对分娩的恐惧程度，每个题目的等级从 0～5 分，请你选出每道题目最贴近你真实感受的数字。

**1. 你怎样看待生孩子的整个过程：**

（1）0　1　2　3　4　5

非常神奇　　　　一点也不神奇

（2）0　1　2　3　4　5

非常可怕　　　　一点也不可怕

**2. 在分娩阵痛过程中，你大多时候会感觉如何：**

（3）0　1　2　3　4　5

非常孤独　　　　一点也不孤独

（4）0　1　2　3　4　5

非常坚强　　　　一点也不坚强

（5）0　1　2　3　4　5

非常有信心　　　　一点也没有

（6）0　1　2　3　4　5

非常害怕　　　　一点也不害怕

（7）0　1　2　3　4　5

完全被遗忘　　　　一点也没有被遗忘

（8）0　1　2　3　4　5

非常脆弱　　　　一点也不脆弱

（9）0　1　2　3　4　5

非常安全　　　　一点也不安全

**3. 在分娩阵痛过程中，你大多时间感觉如何？**

（10）0　1　2　3　4　5

非常独立　　　　一点也不独立

（11）0　1　2　3　4　5

完全被冷落　　　　一点也没有被冷落

（12）0　1　2　3　4　5

非常紧张　　　　一点也不紧张

（13）0　1　2　3　4　5

非常高兴　　　　一点也不高兴

（14）0　1　2　3　4　5

非常自豪　一点也不自豪

（15）0　1　2　3　4　5

完全被抛弃　一点也没有被抛弃

（16）0　1　2　3　4　5

非常冷静　一点也不冷静

（17）0　1　2　3　4　5

非常放松　一点也不放松

（18）0　1　2　3　4　5

非常幸福　一点也不幸福

**4. 在分娩阵痛过程中，你会是什么感受？**

（19）0　1　2　3　4　5

非常恐慌　一点也不恐慌

（20）0　1　2　3　4　5

非常绝望　一点也不绝望

（21）0　1　2　3　4　5

非常渴望这个孩子　根本不想要这个孩子

（22）0　1　2　3　4　5

非常自信　一点也不自信

（23）0　1　2　3　4　5

非常信任　一点也不信任

（24）0　1　2　3　4　5

非常痛　一点也不感到痛

**5. 当子宫收缩最剧烈时，你认为会发生什么？**

（25）0　1　2　3　4　5

我表现得很糟糕　我根本不会表现得很糟糕

（26）0　1　2　3　4　5

我顺应身体不由自主　我接受不了身体不由自主

（27）0　1　2　3　4　5

我完全失去自控能力　我不会失去自控能力

**6. 在你想象中，宝宝出生的那一刻，你感觉……**

（28）0　1　2　3　4　5

非常有意思　根本没意思

（29）0　1　2　3　4　5

非常本能　根本不是本能

（30）0　1　2　3　4　5

完全应该如此　根本不该如此

（31）0　1　2　3　4　5

非常危险　根本没有危险

**7. 在过去一个月内，你是否想过例如……**

（32）是否想过生产过程中孩子死亡？

0　1　2　3　4　5

从来没有　　　　经常有

（33）是否想过生产过程中孩子受伤？

0　1　2　3　4　5

从来没有　　　　经常有

说明：总分为 0～165 分，得分越高，代表分娩恐惧的程度越高。得分在≤ 37 分、38～65 分、≥ 66 分分别代表轻度、中度、重度分娩恐惧。

## 2. 知觉压力量表（PSS-10）

指导语：这份量表是在询问在最近一个月来你个人的感受和想法的频率。虽然有些问题看是相似，实则是有所差异，所以每一题均需作答。作答方式尽量以快速、不假思索方式填答，以期确实反映你真实的压力知觉状况。每一题项皆有下列五种选择：0—从不；1—偶尔；2—有时；3—时常；4—总是。

| 序号 | 项目 | 从不（0） | 偶尔（1） | 有时（2） | 时常（3） | 总是（4） |
| --- | --- | --- | --- | --- | --- | --- |
| 1 | 在过去的一个月里，你有多少时间因为发生意外的事情而感到心烦意乱？ | | | | | |
| 2 | 在过去的一个月里，有多少时间你感到无法掌控生活中重要的事情？ | | | | | |
| 3 | 在过去的一个月里，有多少时间你感觉神经紧张或“快被压垮了”？ | | | | | |
| 4 | 在过去的一个月里，有多少时间你对你自己处理个人问题的能力感到有信心？ | | | | | |
| 5 | 在过去的一个月里，有多少时间你感到事情发展和你预料的一样？ | | | | | |

（续表）

| 序号 | 项目 | 从不（0） | 偶尔（1） | 有时（2） | 时常（3） | 总是（4） |
|---|---|---|---|---|---|---|
| 6 | 在过去的一个月里，有多少时间你发现自己无法应付那些你必须去做的事情？ | | | | | |
| 7 | 在过去的一个月里，日常生活中有有多少时间你能够控制自己的愤怒情绪？ | | | | | |
| 8 | 在过去的一个月里，有多少时间你感到处理事情得心应手（事情都在你的掌控之中）？ | | | | | |
| 9 | 在过去的一个月里，有多少时间你因为一些超出自己控制能力的事情而感到愤怒？ | | | | | |
| 10 | 在过去的一个月里，有多少时间你感到问题已堆积如山，已经无法逾越？ | | | | | |
| 总分 | | | | | | |

说明：PSS-10 中共 10 个问题，采用 5 级评分，总分越高表示患者压力应激感受越强。

### 3. 妊娠相关焦虑量表（PAQ）

指导语：以下问题是关于你怀孕期间的焦虑情况，请选择最符合你情况的选项并计分。1～4 分别代表“没有担心”“偶尔担心”“经常担心”“一直担心”。

**1. 你是否担心孩子的性别与家人的期望相反？**

没有担心　　偶尔担心　　经常担心　　一直担心

**2. 你是否担心此次怀孕没有做好思想准备？**

没有担心　　偶尔担心　　经常担心　　一直担心

**3. 你是否担心此次怀孕会影响你的工作？**

没有担心　　偶尔担心　　经常担心　　一直担心

**4. 你是否担心怀孕生子导致自己体形改变？**

没有担心　　偶尔担心　　经常担心　　一直担心

**5. 你是否担心怀孕使你对丈夫的吸引力减少？**

没有担心　　偶尔担心　　经常担心　　一直担心

**6. 你是否担心此次怀孕会对家庭经济造成压力？**

没有担心　　偶尔担心　　经常担心　　一直担心

**7. 你是否担心胎儿不健康（如畸形等）？**

没有担心　　偶尔担心　　经常担心　　一直担心

**8. 你是否担心孩子智力有缺陷?**

没有担心　偶尔担心　经常担心　一直担心

**9. 你是否担心自己的饮食习惯会影响到胎儿?**

没有担心　偶尔担心　经常担心　一直担心

**10. 你是否担心自己生病而影响胎儿(如感冒、发热)?**

没有担心　偶尔担心　经常担心　一直担心

**11. 你是否担心分娩时疼痛?**

没有担心　偶尔担心　经常担心　一直担心

**12. 你是否担心分娩时发生难产?**

没有担心　偶尔担心　经常担心　一直担心

**13. 你是否担心以前的不良生活方式对本次妊娠有不良后果?**

没有担心　偶尔担心　经常担心　一直担心

说明：该量表有 13 个条目，包含关注自己、担心胎儿健康和担心分娩 3 个维度，采用 4 级评分："没有担心"得 1 分、"偶尔担心"得 2 分、"经常担心"得 3 分、"一直担心"得 4 分，≥ 24 分有妊娠相关焦虑，＜ 24 分则认为无妊娠相关焦虑。

## 4. 产后抑郁筛查量表（PDSS）

指导语：以下问题是关于你过去两周的感受，不只是你今天的感受。请选择最符合你情况的选项并计分：强烈不同意（1 分）、不同意（2 分）、中立（3 分）、同意（4 分）、强烈同意（5 分）。

| | 强烈不同意 | 不同意 | 中立 | 同意 | 强烈同意 |
|---|---|---|---|---|---|
| 1. 失眠甚至当小孩熟睡后仍无法入睡 | | | | | |
| 2. 总觉得孤单 | | | | | |
| 3. 毫无理由地大哭 | | | | | |
| 4. 对任何事情都无法集中注意力 | | | | | |
| 5. 再也不知道自己是谁了 | | | | | |
| 6. 觉得作为一个母亲很失败 | | | | | |
| 7. 开始想自己是不是死了会更好 | | | | | |
| 8. 没有食欲 | | | | | |
| 9. 感到十分压抑 | | | | | |
| 10. 害怕自己再也高兴不起来 | | | | | |
| 11. 觉得自己正失去理智 | | | | | |
| 12. 感到自己好像变成了陌生人 | | | | | |

（续表）

| | 强烈不同意 | 不同意 | 中立 | 同意 | 强烈同意 |
|---|---|---|---|---|---|
| 13. 觉得很多母亲都比自己称职 | | | | | |
| 14. 曾想过死亡是结束这噩梦般的生活的唯一途径 | | | | | |
| 15. 半夜突然惊醒，再也无法入睡 | | | | | |
| 16. 感觉灵魂出窍 | | | | | |
| 17. 情绪起伏不定，感觉像在坐过山车 | | | | | |
| 18. 认为自己快疯了 | | | | | |
| 19. 害怕自己再也无法回到正常的自我 | | | | | |
| 20. 由于给不了孩子应该给的足够的爱而有负罪感 | | | | | |
| 21. 想伤害自己 | | | | | |
| 22. 夜间在床上翻来覆去很长时间，努力入睡 | | | | | |
| 23. 只要关于我小孩的，哪怕是一点小事也会焦虑不安 | | | | | |
| 24. 很容易被激怒 | | | | | |

（续表）

| | 强烈不同意 | 不同意 | 中立 | 同意 | 强烈同意 |
|---|---|---|---|---|---|
| 25. 即使做个小决定也很艰难 | | | | | |
| 26. 觉得自己不正常 | | | | | |
| 27. 感觉我必须隐藏我对孩子的想法或者感受 | | | | | |
| 28. 觉得我的小孩离开我会变得更好 | | | | | |
| 29. 知道自己必须吃，但吃不下 | | | | | |
| 30. 感到自己坐立不安，不得不走来走去 | | | | | |
| 31. 觉得自己满腔怒火，一触即发 | | | | | |
| 32. 很难集中精力在一件事情上 | | | | | |
| 33. 感觉到不真实 | | | | | |
| 34. 觉得自己并不是自己所期望的那样的母亲 | | | | | |
| 35. 只是想离开这个世界 | | | | | |

说明：评分范围从 35～175 分。一般以总分＞ 60 分作为筛查 PPD 患者的临界值，总分＞ 80 分作为筛查严重 PPD 患者的临界值。

## 5. 城市分娩创伤量表（BiTS）

指导语：这份问卷询问的是你最近一次生孩子时的经历。请在与你的经历最接近的答案上打“√”。

| 在分娩期间和分娩之后（标准 A）： | 是 | 否 |
|---|---|---|
| 1. 你有过你或你的孩子会严重受伤的想法吗？ | | |
| 2. 你有过你或你的孩子会不幸死亡的想法吗？ | | |

接下来的问题是关于你可能经历过的症状。请说明在过去一周内，你有多少次出现以下症状。

| 关于分娩的症状（标准 B ~ E） | 完全没有 | 1 次 | 2 ~ 4 次 | 5 次以上 |
|---|---|---|---|---|
| 3. 无法控制地反复出现关于分娩痛苦的回忆 | 0 | 1 | 2 | 3 |
| 4. 关于分娩的噩梦 | 0 | 1 | 2 | 3 |
| 5. 忽然又回到分娩或重现分娩时的体验 | 0 | 1 | 2 | 3 |
| 6. 一想起分娩就心烦意乱 | 0 | 1 | 2 | 3 |
| 7. 一想起分娩就感到紧张或焦虑 | 0 | 1 | 2 | 3 |
| 8. 尽量避免想到分娩 | 0 | 1 | 2 | 3 |
| 9. 尽量避免想起分娩时的事情（如人、地方、电视节目） | 0 | 1 | 2 | 3 |

（续表）

| 关于分娩的症状（标准 B ~ E） | 完全没有 | 1 次 | 2 ~ 4 次 | 5 次以上 |
|---|---|---|---|---|
| 10. 无法记得分娩时的细节 | 0 | 1 | 2 | 3 |
| 11. 为分娩时发生的事责备自己或他人 | 0 | 1 | 2 | 3 |
| 12. 对分娩有强烈的负面情绪（如恐惧、愤怒、羞愧） | 0 | 1 | 2 | 3 |

* 虽然这些问题涉及分娩，但许多女性在分娩前、后都有症状。如果你有这些症状，并且与怀孕，分娩或婴儿有关，那么请回答这些问题。

| 自分娩后开始或恶化的症状（F） | 完全没有 | 1 次 | 2 ~ 4 次 | 5 次以上 |
|---|---|---|---|---|
| 13. 感到消极或认为会发生可怕的事情 | 0 | 1 | 2 | 3 |
| 14. 对重要活动失去了兴趣 | 0 | 1 | 2 | 3 |
| 15. 感到与他人分离或疏远 | 0 | 1 | 2 | 3 |
| 16. 无法感受到积极的情绪（如快乐、兴奋） | 0 | 1 | 2 | 3 |
| 17. 感到自己易怒或好斗 | 0 | 1 | 2 | 3 |
| 18. 鲁莽或自我伤害行为 | 0 | 1 | 2 | 3 |

（续表）

| 自分娩后开始或恶化的症状（F） | 完全没有 | 1 次 | 2～4 次 | 5 次以上 |
|---|---|---|---|---|
| 19. 感到紧张不安 | 0 | 1 | 2 | 3 |
| 20. 感到警觉或容易受惊 | 0 | 1 | 2 | 3 |
| 21. 注意力不集中 | 0 | 1 | 2 | 3 |
| 22. 睡眠质量差（不是由于婴儿的睡眠模式造成的） | 0 | 1 | 2 | 3 |
| 23. 感到自我不真实或像在梦中 | 0 | 1 | 2 | 3 |
| 24. 感到事物被扭曲或不真实 | 0 | 1 | 2 | 3 |
| 如果你有以上任何症状：（F） | 0 | 1 | 2 | |
| 25. 这些症状是什么时候开始的？ | 分娩前 | 分娩后 6 个月内 | 分娩 6 个月以后 | 不适用（无症状） |
| 26. 这些症状持续多久了？ | 不足 1 个月 | 1～3 个月 | 3 个月或以上 | 不适用（无症状） |
| 27. 这些症状会使你很痛苦吗？ | 是 | 否 | 有时 | |
| | 2 | 0 | 1 | |
| 28. 这些症状会影响你的日常生活吗？（如社交、日常活动） | 是 | 否 | 有时 | |
| | 2 | 0 | 1 | |
| 29. 这些症状是由药物、酒精或身体疾病引起的吗？（H） | 是 | 否 | 有时 | |
| | 2 | 0 | 1 | |

说明：本量表29个条目，2个维度：分娩相关症状和一般症状。

根据是否经历创伤事件（标准A）、相关症状的出现频率（标准B～E）、症状出现时间、症状持续时间（标准F）、是否存在痛苦和社会功能障碍（标准G）及症状是否与药物有关（排除标准H）评定产妇是否存在产后创伤后应激障碍（PTSD）。相关症状的出现频率总分为0～60分，分数越高表明PTSD症状越严重。